ZAUBER
DER KRANICHE

Carl-Albrecht von Treuenfels

ZAUBER DER KRANICHE

KNESEBECK

Kranichsehnsucht

Der Kraniche herbstlich spitzer Keil
Schneidet den weiten Himmel grau.
Sie fliegen Kreuzen gleich an dünnem Seil
Hart klingt ihr Ruf und rauh.

Südwestlich geht ihr langer Zug
In unbekannte Ferne.
Vor hoher Wolken weißem Bug
Den Nachtkurs weisen Sterne.

Am Firmament der Stimmen Klänge
Sie tönen leicht und schwer.
Es ist, als ob die Seele sänge
Mal froh, mal traurig mehr.

Die großen Vögel wissen,
wohin ihr Flug sie führt.
Ich aber muß sie missen,
bis sich der Frühling rührt.

Wenn ich im Winter an sie denke,
da bangt mein Herz mir manches Mal.
Daß nur auch sie die Sehnsucht lenke
Zurück ins heimatliche Tal.

Dann, eines Morgens, tönt der Schrei
Im Doppelklang aus tiefem Moor.
Der Südwind brachte ihn herbei:
Ihr Liebesruf dem Menschenohr.

Sie gelten als des Glückes Boten,
als Schicksalskünder, Himmelstier.
Sind sie die Seelen unserer Toten?
Laßt ihnen Raum und Leben hier!

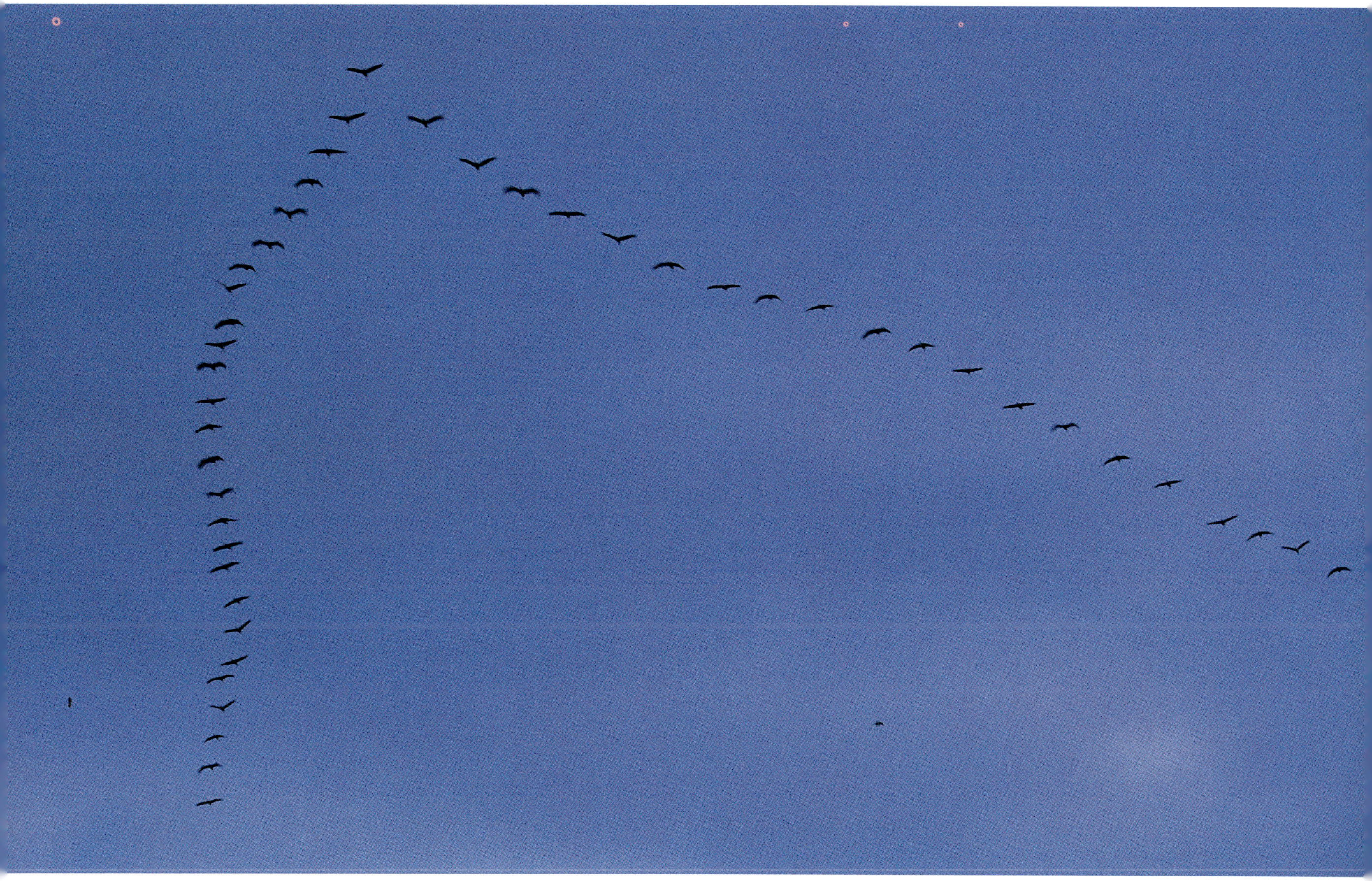

Inhalt

Einführung

Seit Jahrzehnten werden mein Jahresrhythmus, mein Terminkalender, die Ferien- und Reiseplanung, die Einteilung meiner Arbeit sowie Besuche bei und von Freunden nicht unwesentlich von den Kranichen bestimmt. Das fing – in bescheidenem Umfang – bereits in meiner Schulzeit im schleswig-holsteinischen Kreis Herzogtum Lauenburg an.

Dort, nahe meinem ländlichen Wohnort, vierzig Fahrradminuten von der Lauenburgischen Gelehrtenschule in Ratzeburg entfernt, nisteten in den fünfziger Jahren des vergangenen Jahrhunderts einige wenige der letzten im westlichen Deutschland verbliebenen zwanzig bis dreißig Brutpaare von *Grus grus*, dem Grauen Kranich. Ihr herbstlicher Wegzug und ihre Rückkehr aus anfänglich für mich in mystischer Ferne gelegenen Winterquartieren »irgendwo in Afrika« bewegten mich ebenso wie ihre unüberhörbare, aber – seinerzeit selten sichtbare – Balz im Frühjahr.

Wenn die langen Ketten und Keile der großen Vögel im März und April hoch am Himmel ostwärts über unseren Hof hinwegzogen, erfaßte mich jedesmal eine unbestimmbare Sehnsucht nach fernen menschenleeren Mooren und Wäldern des Nordens und Ostens. Und im Herbst begleitete ich sie in Gedanken »in die Tropen«. Erst später lernte ich, daß diese Vorstellung falsch war. Dennoch ist manch geheimnisvoller Zauber, von dem mir die Kraniche in meiner Kindheit umgeben zu sein schienen, für mich bis heute erhalten geblieben. Obwohl ich in den vergangenen 45 Jahren allen fünfzehn Kranicharten bis in die entlegensten Winkel unserer Erde nachgespürt und die Erforschung ihres Daseins mit den modernsten Mitteln der Technik miterlebt habe, haben die großen eleganten Vögel nichts von ihrer magischen Anziehungskraft auf mich verloren.

Das geht nicht nur mir so. In der ganzen Welt gibt es eine wachsende Zahl von Kranichfreunden oder – wie manche sich oder sie bezeichnen – von »Kranichverrückten«, international als *craniacs* bekannt. Die meisten von ihnen arbeiten miteinander in Naturschutzorganisationen oder tauschen ihre Beobachtungen, Erfahrungen und Kenntnisse in Kranicharbeitsgmeinschaften aus. Viele von ihnen kenne ich, und mit nicht wenigen verbindet mich mittlerweile über die Kraniche hinaus eine Freundschaft. So geht es auch anderen: Das Interesse an den Kranichen sowie der Einsatz für ihr Wohlergehen und Überleben bringt viele Menschen über Ländergrenzen, über kulturelle, gesellschaftliche und politische Unterschiede, auch über Sprachbarrieren hinweg zusammen. Von diesem gemeinsamen Verständnis – für die Vögel wie füreinander – innerhalb der »Kranichgemeinde« gehen eine besondere Kraft und ein starkes Gefühl der Verbundenheit aus, für das ich den Kranichen dankbar bin.

Es ist aber auch die gemeinsame Sorge um das Schicksal der »Vögel des Glücks«, die nahezu jeden Tag im Jahr viele Menschen miteinander Verbindung aufnehmen und Initiativen starten läßt – heute meistens über das Internet, in dem es rund um den Erdball ein Kommunikationsnetz über und für die Kraniche ohnegleichen gibt. Da werden Daten und Nachrichten über auftauchende und verschwindende Flugkeile während der Zugzeit gemeldet, Farbkombinationen von Ringen an den Beinen und Positionssignale von Sendern auf dem Rücken einzelner Kraniche registriert und weitergegeben, Zahlen von rastenden Kranichen an Schlafplätzen und in Winterquartieren verbreitet, die Ankunft der ersten Paare im Brutgebiet mitgeteilt, laufend über den Fortgang einer komplizierten Wiederansiedlungsaktion oder über vergiftete Kraniche und vor der Zerstörung gerettete Feuchtgebiete berichtet. Ebenso werden auch Initiativen für Schutzaktivitäten gestartet und Erfahrungen im Umgang mit aufgebrachten Bauern,

Wenn er sein Gefieder ordnet, ist von der Eleganz des Paradieskranichs wenig zu sehen. (Steenkampsberg/ Mpumalanga, Südafrika).

Während der Körperpflege verwandelt sich der Graue Kronenkranich in eine bunte Federkugel (Serengeti National-park, Tansania).

die sich über Schäden auf ihren Feldern beklagen, ausgetauscht.

Während sich dieses höchst lebendige und wir-kungsvolle Karussell mit Nachrichten über alles, was mit Kranichen zusammenhängt, nahezu unaufhör-lich dreht, wird deutlich, wie eng das Leben und Schicksal dieser Vögel mit dem der Menschen ver-bunden ist. Das mag daran liegen, daß Kraniche »Vögel, so groß wie Menschen« sind, wie es die Samen im Norden Skandinaviens ausdrücken. Aber es hängt sicher auch damit zusammen, daß die meisten Kraniche auf intakte Feuchtgebiete ange-wiesen sind, die wir als Wasserspeicher genauso brauchen. Die großen Vögel sind damit zu Leitarten für einen umfassenden Schutz lebensnotwendiger natürlicher Ressourcen für Menschen, Tiere und Pflanzen geworden. Viele Kraniche haben sich in den vergangenen fünfzig Jahren – zumindest zu be-stimmten Jahreszeiten – notgedrungen von scheuen Kulturflüchtern zu von Feldern und Fütterungen abhängigen Kulturfolgern entwickelt. Das hat sie an vielen Orten den Menschen zugänglicher gemacht. Nicht zuletzt die gestiegenen Zahlen mancher Arten lassen diese dort wieder auftauchen, von wo sie lange Zeit verschwunden waren. Und während ihrer jahreszeitlichen Wanderungen ziehen sie über immer mehr Gegenden und Städte, über denen ihre Zugkeile lange nicht zu sehen und ihre lauten Trom-petenrufe lange nicht zu hören waren. Es ist nur der kleinere Teil der fünfzehn Arten, der auf diese Weise vermehrt die Aufmerksamkeit auf die Familie der Kraniche zieht. Elf von ihnen gelten als gefähr-det oder in ihrem Überleben bedroht. Sie sorgen auf andere Art dafür, daß sich Menschen ihnen zuwen-den. Nicht selten abseits der öffentlichen Wahrneh-mung, häufig dafür aber umso aufreibender und hingebungsvoller.

Wenn ich mit diesem Titel – erneut mit der groß-zügigen Unterstützung der Lufthansa, einer seit Jahrzehnten verläßlichen Partnerin des nationalen und internationalen Kranichschutzes – ein zweites umfangreiches Kranichbuch vorlege, so soll es wie-der dem Schutz der großartigen Vögel und allen Menschen, die sich für ihren Schutz einsetzen, gewid-met sein. Dabei spielen die Bilder eine besondere

Rolle. Sie sollen möglichst viel von dem Zauber vermitteln, den Kraniche auf viele Menschen ausüben. Die meisten Fotos dieses Bandes habe ich erst in den letzten sieben Jahren in meiner Heimat und auf Reisen in mehr als zehn Länder gemacht. Von denen, die früher in weiteren Ländern entstanden sind, habe ich – bis auf zwei Ausnahmen – nur solche ausgewählt, die zuvor noch nicht veröffentlicht wur-den. Obwohl auf einige Fragen rund um die Krani-che in den acht Jahren, die seit dem Erscheinen der längst vergriffenen zweiten Buchhandelsauflage von *Kraniche – Vögel des Glücks* vergangen sind, inzwischen weitere – hier wiedergegebene – Ant-worten gefunden wurden, geben die weltreisenden Flieger und heimlichen Brüter nach wie vor man-ches Rätsel auf. Und das ist gut so: Nicht nur, weil es damit auch für kommende Generationen von Kranichenthusiasten – hoffentlich mit aller gebote-nen Rücksicht auf die Vögel – etwas zu erforschen und zu enträtseln gibt; sondern auch deshalb, weil damit den langbeinigen Himmelsboten, die in vielen Ländern im Frühjahr und Herbst an ihren Rastplät-zen große Scharen von Besuchern zum Beobach-ten anziehen und deren Zugkeile und Rufe Tausende von Menschen zum Himmel blicken und in die Nacht lauschen lassen, auch weiterhin etwas Geheimnis-volles und Überirdisches anhaftet, mit dem sie uns alle ein wenig verzaubern und in ihren Bann ziehen. Und mit dem sie uns als Botschafter der Natur auf unübersehbare und unüberhörbare Weise zeigen, daß es in unserer Welt weitere einzigartige Lebe-wesen gibt, die ein Daseinsrecht haben.

Carl-Albrecht von Treuenfels

Schönheit und Eleganz
auf langen Beinen

Kraniche sind mehr als nur durch ihre Größe beeindruckende Vögel. Sie sind außergewöhnliche Lebe-
wesen. Das haben schon vor Jahrtausenden die
Menschen so empfunden und zum Ausdruck gebracht.
Auf vielen alten Bildern, Gebäuden und Gefäßen
ist die früh entstandene enge Verbindung zwischen
Kranichen und Menschen dargestellt. Damit kommen sowohl die fast göttliche Verehrung der Tiere
und die ihnen zugeschriebenen überirdischen Kräfte
als auch ihre ganz praktische Nutzung als Wächter
und Nahrungsquelle zum Ausdruck. Sie dienten seit
frühester Zeit vielen Völkern nicht nur lebend zur
Kurzweil und zur Zierde, sondern bereicherten deren
Leben auch durch künstlerische Wiedergabe als
Symbol für mancherlei Tugend. So wurden sie bereits in vorchristlicher Zeit zu Wappentieren und
hochgeachteten Begleitern, selbst bis in Gräber und
Grabkammern. Chinesen, Japaner, Ägypter, Griechen und Römer sahen in ihnen Schicksalskünder
und Boten zu den Göttern. (Mehr dazu im Kapitel
»Als Kult- und Kulturträger unter den Vögeln
unübertroffen«).
Dieses besondere Verhältnis zwischen Kranichen
und Menschen reicht bis in die Gegenwart. Nüchtern
unter ökologischen Kriterien betrachtet, gelten
die großen Vögel als sogenannte »Indikator-Arten«
(Zeigerarten): Da sie auf Feuchtgebiete angewiesen
sind und zudem je nach Jahreszeit in verschiedenen Regionen oder gar Klimazonen leben, zeigen
sie mit ihrem Gedeihen oder Verschwinden unüber-
sehbar an, wie es um diese Lebensräume bestellt
ist. Damit sind sie zu Leitarten (flagship species)
ganzer Lebensgemeinschaften von Pflanzen und
Tieren geworden. Doch auch das wären sie heute
sicherlich nicht in so hervorragender Weise, handelte es sich bei den Kranichen nicht um besonders
charismatische Geschöpfe, die durch ihre Größe,
ihre Schönheit und elegante Erscheinung, ihre

gebärdenreichen »Tänze«, ihr Flugbild und ihre
durchdringenden Rufe selbst Menschen beeindruk-
ken, die sonst kaum Interesse für die Natur und
freilebende Tiere zeigen.
Zweimal im Jahr, wenn sie zielstrebig zwischen ihren
Brutrevieren und ihren Winterquartieren hin- und
herziehen und dabei viele Länder und ganze Kontinente lautstark in eindrucksvollen Flugformationen
überqueren, empfinden viele Beobachter,
die den Kranichzug erleben, etwas Mystisches, Ursprüngliches. Nachdrücklicher als andere Zugvögel
und weitere Signale der Natur stimmen Kraniche
die Seele des Menschen auf Frühling und Herbst,
auf Werden und Vergehen ein. Vielleicht ahnen
wir beim Anblick und Hören der größten aller flugfähigen Vögel unbewußt, daß diese Weltenwan-
derer schon in grauer Vorzeit über unseren Planeten
zogen. Mit ihrem Erscheinen am Himmel rühren
sie auf unerklärliche Weise an die Wurzeln unseres
eigenen Daseins. Das Unbekannte und Geheimnisvolle, das einen Keil ziehender Kraniche umgibt,
bewegt uns ebenso, wie er in uns unerklärliche
Sehnsüchte nach unbegrenzter Ferne und Freiheit
weckt, Träume von menschenleeren weiten Naturlandschaften auslöst. Vorstellungen von paradie-
sischen Zuständen kommen auf, und manchem
Beobachter, über den ein Kranichtrupp mit rauhen
Rufen hinwegzieht, läuft ein Schauer über den Rük-
ken. Und mehr als einmal kann man an einem
Beobachtungsplatz zur Zugzeit der Kraniche den
Ausspruch hören: »Daß es so etwas noch gibt!«

Fliegende Kreuze

So ist es überall, wo sie sich blicken lassen. Ob
im Brutgebiet, an den Rastplätzen oder im Winterquartier: »Sind die Kraniche schon oder noch
da?« fragen die Menschen einander. Oder: »Haben
Sie heute nacht die Kraniche gehört?« Daß es

manchmal Wildgänse waren, die sich beim Überfliegen von Dörfern und Städten untereinander ver-
ständigt haben, ist dabei nebensächlich. Die Ver-
wechslung findet auch häufig umgekehrt statt:
Die – lauteren – Kraniche werden für Gänse gehalten. Der Zauber, der von ihren heiseren »Schreien«
ausgeht, ist bei ziehenden wilden Gänsen ähnlich
wie bei Kranichen. Doch den Kranichen ist etwas
Erhabeneres eigen. Das liegt schon daran, daß
manche Arten in ihrer Körpergröße an den Menschen
heranreichen. Sie stehen mit erhobenem Kopf auf-

recht auf langen Beinen und schreiten oder laufen
wie wir. Wenn sie fliegen, tun sie auch das in voll-
kommener Würde. Sie schlagen nicht hastig mit
den Flügeln, sondern ziehen mit gleichmäßigen aus-
greifenden Bewegungen ihre Schwingen von oben
nach unten und von unten nach oben durch die
Luft. Oder sie segeln streckenweise mit ausgebrei-
teten Tragflächen.
Ob mit den Flügeln schlagend oder im Segelflug –
stets halten sie ihren Hals lang nach vorne ausge-
streckt, und ihre aneinander gelegten Beine weisen

OBEN
**Abendstimmung auf den Feldern, die
im Winter vornehmlich für die Mönchs-
und Weißnackenkraniche aus China
und Rußland reserviert sind (Arasaki
bei Izumi/Kyushu, Japan).**

24

FOLGENDE DOPPELSEITE
Massenstart von Mönchskranichen, wenn sich das Auto mit den Futtersäcken nähert (Arasaki bei Izumi/Kyushu, Japan).

waagerecht nach hinten. So gleichen sie fliegenden Kreuzen. Wenn sie zur Landung ansetzen, zeigen Kraniche indes, daß sie auch andere Luftmanöver beherrschen. Mit angewinkelten Flügeln und hängenden Ständern (Beinen) drehen sie sich in Spiralen aus großer Höhe abwärts oder lassen sich in einer Art Taumelflug gleichsam zur Erde fallen, bevor sie unmittelbar vor der Berührung von Boden oder Wasseroberfläche, vor dem *touch down*, ihren rasanten Sinkflug, kräftig mit den Flügeln schlagend, abfangen.

Und dann ihre Rufe. In ihnen schwingt etwas mit, wodurch »… ein geheimes Fach meiner Seele geöffnet wurde, zu dem ich selbst keinen Schlüssel besaß«, wie es der schwedische Schriftsteller Bengt Berg (1885–1967) in seinem Buch *Mit den Zugvögeln nach Afrika* einfühlsam ausgedrückt hat. Aus den Kranichrufen klingt aber auch – mit menschlichen Maßstäben gemessen – so etwas wie Selbstbewußtsein und der Anspruch der Vögel, weithin vernehmbar zu sein und mit diesen Rufen, die oftmals an Trompetenstöße erinnern, alle anderen Rufer

in der Natur zu übertönen. Dabei hatten es die Kraniche ursprünglich gar nicht nötig, sich gegen eine große Geräuschkulisse durchzusetzen. Denn zumindest gegen den Menschen mit seinen vielen künstlichen Lärmquellen brauchten sie sich während der längsten Epoche ihres Daseins kein Gehör zu verschaffen. Menschen nämlich traten erst spät auf die Lebensbühne der Kraniche und nahmen, in jüngerer Vergangenheit immer intensiver, überwiegend negativen Einfluß auf ihr Schicksal. (Darauf wird, ebenso wie auf die verschiedenen Lautäußerungen der Kraniche, später noch ausführlicher eingegangen.)

Vor etwa 60 Millionen Jahren, als noch nicht einmal die unmittelbaren Vorfahren von *Homo sapiens* ihre Spuren auf afrikanischem Erdboden hinterließen, gab es bereits Vögel mit Merkmalen, wie sie die heute lebenden, zoologisch-systematisch in der Familie *Gruidae* zusammengefaßten fünfzehn Kranicharten aufweisen. Auf ein Alter von rund neun Millionen Jahren datieren Forscher Knochen eines Kranichs, die sie aus einer Schicht von Vulkanasche im US-Staat Nebraska geborgen haben. Der aus dem Miozän stammende Flügelknochen paßt nahezu genau zum Skelett eines heute lebenden Kanadakranichs. Seit der Zeit, als sich diese Art damals den Lebensraum mit vielen anderen, dort mittlerweile ausgestorbenen Tieren wie etwa Nashornverwandten teilte, hat sich ihr Körperbau anscheinend kaum verändert. Und auch geographisch zeigen Kanadakraniche Kontinuität: Nebraska, in der Mitte der Vereinigten Staaten von Amerika gelegen, ist noch heute eine Drehscheibe des inneramerikanischen Kranichzuges mit der weltweit größten Ansammlung dieser Vögel. Gut eine halbe Million Kanadakraniche machen hier – neben wenig mehr als 200 Schreikranichen – alljährlich zwischen der zweiten Februarhälfte und Mitte April mit- und nacheinander Station auf ihrem Zug vom Süden in den Norden.

Wo sie die Knollen der Wasserpflanze *Vallisneria spiralis* im flachen Wasser finden, sammeln sich im Seengebiet von Poyang Hunderte von Schneekranichen auf engem Raum. 95 Prozent der Weltpopulation von *Grus leucogeranus* überwintern hier (Poyang Naturreservat/Provinz Jiangxi, China).

Dieses Paar Schnee- oder Nonnenkraniche und sein Junges gehörten zu den letzten ihrer Art, die bis zur Jahrtausendwende in Nordindien überwintert haben. Die Population, die in Westsibirien gebrütet hat, scheint ausgerottet zu sein (Keoladeo Ghana Nationalpark/Rajasthan, Indien).

Weitläufige Verwandtschaft

Unter den fünfzehn Kranicharten, die heute in unterschiedlich großer Zahl mit Ausnahme von Südamerika und der Antarktis über alle Kontinente verteilt leben, bilden die beiden amerikanischen jeweils das Extrem: Der Kanadakranich mit seinen sechs Unterarten ist am zahlreichsten, der Schreikranich am seltensten. In ihrer Entwicklungsgeschichte haben die Kraniche bis in die Gegenwart viel Auf und Ab durchmachen müssen. Es soll Zeiten gegeben haben, da waren mindestens doppelt so viele Arten gleichzeitig auf der Erde vertreten wie heute. In Südamerika lebten in der Zeitspanne zwischen dem Oligozän (vor 38 bis 25 Millionen Jahren) und dem Pliozän (vor fünf bis zweieinhalb Millionen Jahren) in mehr als zwei Dutzend Arten bis zu drei Meter große flugunfähige fleischfressende Riesenkraniche *(Phororhacidae)*, die aber außer dem Namen und einigen Merkmalen des Körperbaus mit unseren heutigen Kranichen wenig zu tun gehabt haben dürften.

Immerhin aber gibt es in Südamerika noch heute Verwandte dieser vor langer Zeit ausgestorbenen straußenähnlichen Kranichvögel. Das sind die Seriemas *(Cariamidae)*, die gemeinsam mit den ebenfalls in Süd- und Mittelamerika sowie im Süden der Vereinigten Staaten lebenden Rallenkranichen *(Aramidae)* – nur in der deutschen Sprache tragen die *Limpkins*, wie die Rallenkraniche im Englischen heißen, die irreführende Teilbezeichnung »-kranich« – zur Ordnung der Kranichvögel *(Gruiformes)* gehören. Außer der Kranichfamilie *(Gruidae)* selbst und den beiden genannten gehören weitere acht Vogelfamilien zu dieser Ordnung, darunter die Rallen *(Rallidae)*, die neukaledonischen Kagus *(Rhynochetidae)*, die in Afrika, Europa, Asien und Australien in 22 Arten lebenden Trappen *(Otididae)*, die südamerikanischen Trompetervögel *(Psophiidae)* und – am entferntesten, daher auch vielfach angezweifelt – die in Afrika, Asien und Australien beheimateten, in zwei Unterfamilien zusammengefaßten siebzehn Arten von Kampfwachteln *(Turnicidae)*.

Die Kraniche sind also mit dem Bleßhuhn, dem Sultanshühnchen, dem Wachtelkönig und mit der Großtrappe, nicht aber – wie oft wegen körperlicher Ähnlichkeiten vermutet wird – mit Störchen,

Reihern oder gar Flamingos verwandt. Die fami-
liären Beziehungen der Kraniche untereinander sind
immer wieder Gegenstand wissenschaftlicher Dis-
kussion. So ist die Mehrheit der Kranichforscher
erst seit etwa 1980 der Meinung, daß es fünfzehn
Arten gibt. Bis durch Blutuntersuchungen und Ge-
webeproben (DNA-Analysen) und Verhaltensforschung herausgefunden wurde, daß die Unterfamilie
der Kronenkraniche (Balearicinae mit der Gattung
Balearica) nicht nur aus einer, sondern aus zwei
Arten besteht, dem Schwarzen Kronenkranich (Balearica pavonina) und dem Grauen Kronenkranich
(Balearica regulorum), galten vierzehn Arten als die
richtige Einteilung. In früherer Zeit waren es bis zu
neunzehn Arten gewesen. Selbst der große schwedische Naturforscher und Systematiker Carl von Linné
(1707–1778) hat sich zeitweise geirrt, als er anfangs
einige Kranicharten den Reihern zuordnete. Der
augenblickliche Stand: Neben der Unterfamilie der
Kronenkraniche, die entwicklungsgeschichtlich als
die ältesten heute noch lebenden Vertreter der Kra-
nichsippe angesehen werden, gibt es eine zweite
Unterfamilie, die Echten Kraniche (Gruinae), mit drei
Gattungen: Anthropoides (Jungfernkranich Anthropoides virgo und Paradieskranich Anthropoides paradisea), Bugeranus (Klunkerkranich Bugeranus carunculatus) und Grus (Nonnen- oder Schneekranich
Grus leucogeranus, Kanadakranich Grus canadensis, Saruskranich Grus antigone, Brolga- oder Australischer Kranich Grus rubicundus, Weißnackenkranich
Grus vipio, Mönchskranich Grus monachus, Grauer
Kranich Grus grus, Schreikranich Grus americana
[nicht americanus]), Schwarzhalskranich Grus nigricollis und Mandschurenkranich Grus japonensis).
Auch bei der Zuordnung zu den einzelnen Gattungen gibt es unter den Vogelkundlern und Zoologen
keine Einigkeit. Der asiatische Schneekranich wird
wegen Ähnlichkeiten mit dem afrikanischen Klunkerkranich von einigen unter Bugeranus geführt,
andere wollen ihm eine eigene Gattung Sarcogera-
nus zubilligen. Unterschiedliche Auffassungen gibt
es bisweilen auch zu einigen Unterarten, in die
manche Arten aufgegliedert sind. Auf sie wird in den
Porträts unter »Ähnlich und doch verschieden«
näher eingegangen.

Nachbarn auf Abstand

Obwohl sie weit voneinander entfernt auf mehreren Kontinenten und in unterschiedlichen Klimazonen
leben, gibt es besonders im Verhalten viele Gemeinsamkeiten unter den Kranichen. Daran ändert
auch nichts, daß die Körpergröße der Arten zwischen
90 und knapp 180 Zentimetern variiert, daß einige
in jedem Jahr zweimal Zugwanderungen von mehr
als 5000 Kilometern unternehmen, andere dagegen
das ganze Jahr hindurch standorttreu sind, daß
manche auf dem blanken Erdboden brüten, die meisten hingegen ihr Nest in flachem Wasser bauen
und daß sich schließlich die Kronenkraniche, insbesondere für die Nacht zum Schlafen, auf die Äste
hoher Bäume setzen, die anderen Arten hingegen
flache Gewässer zum Übernachten aufsuchen. Trotz
solcher und anderer Eigenheiten zeigen sich bei allen
fünfzehn Arten viele familiäre Übereinstimmungen.
Da ist zunächst einmal die augenfällige Einteilung
ihres Lebens in zwei Formen des Umgangs mit-

Bei der Nahrungssuche durchstreift
das Saruskranichpaar mit seinen beiden
etwa vierwöchigen Jungen täglich
weiträumig sein Brutrevier, kehrt abends
aber stets in die Nähe seines Nestes
zurück (Lumbini bei Bhairawa, Nepal).

einander, besonders auch innerhalb der eigenen Art. Außerhalb der Brutzeit, zu der nach dem Legen der Eier und ihrer Bebrütung auch die Aufzucht der Jungen bis zum Flüggewerden zählt, geben sich Kraniche sehr gesellig. Dann verbringen sie Tag und Nacht gemeinsam mit Artgenossen oder auch mit Angehörigen anderer Arten, nicht selten in großer Zahl. Zu Ansammlungen von mehr als tausend, gelegentlich von einigen zehntausend Vögeln kommt es besonders bei verschiedenen Grus-Arten wie den Kanadakranichen, den Grauen Kranichen, Mönchs- und Weißnackenkranichen. Bei den anderen zählen die Trupps zur Zugzeit an den Rastplätzen oder im Winterquartier »nur« nach Hunderten, weil sie insgesamt nicht so zahlreich sind. So halten es auch die vier afrikanischen Arten, die Schwarzen und Grauen Kronenkraniche, die Paradieskraniche und – selten eine Hundertschaft überschreitend – die Klunkerkraniche. Die Jungfernkraniche bilden außerhalb der Brutzeit ebenfalls große Scharen: An man-

chen Rast- und Schlafgewässern in Indien oder Afrika finden sich Tausende auf engem Raum ein. Die große Ausnahme bildet der amerikanische Schreikranich. Selbst auf dem Zug zwischen dem Golf von Mexiko, an dessen texanischer Küste die ziehende Population überwintert, und dem Wood Buffalo Nationalpark, in dessen Wildnis die weißen Vögel brüten, schließen sich selten mehr als zehn bis fünfzehn von ihnen zusammen. Die meisten ziehen im Familienverband. Absolutes Territorialverhalten und damit Abstand zu Artgenossen zeigen die *Whoopers* auch im Winterquartier: Sein Nahrungsrevier verteidigt ein Paar heftig gegen Eindringlinge, selbst wenn es nahe Verwandte, sprich eigene Nachkommen aus den vorausgegangenen Jahren, sind. Nur das Junge (selten ziehen Schreikraniche zwei Küken auf) aus der vorherigen Brutzeit wird geduldet und behütet. So halten es auch die seit 1993 in Florida alljährlich ausgewilderten Schreikraniche, die dort eine nicht ziehende Population

Weniger rot, mehr grau und an der
Kehle kleine Hautlappen – daran läßt
sich der Australische oder Brolga-
Kranich am besten vom Saruskranich
unterscheiden (Serendip/Victoria,
Australien).

begründet haben. Von ihnen und ihren seit 2001 zwischen Wisconsin und Florida hin- und herziehenden Artgenossen wird im nächsten Kapitel ausführlicher berichtet.

Wie die Schreikraniche verhalten sich alle übrigen ziehenden Kraniche, wenn es an die Familienplanung geht. Noch im Frühjahr sind viele gemeinsam aus dem Süden in großen Reisegesellschaften zurückgeflogen. Je näher die Kranichpaare, die meistens ihr Leben lang miteinander verbunden sind, ihrem Brutrevier kommen, desto stärker lösen sie sich von der Gruppe. Hatten sie bereits in den Vorjahren ein eigenes Territorium besetzt, so steuern sie dasselbe wieder an. Die Treue zum einmal auserkorenen Brutplatz ist nahezu ebenso groß wie die zum Partner. Es gibt Paare, die mehr als zehn Jahre hintereinander in einem Umkreis von weniger als hundert Quadratmetern immer wieder ihr Nest gebaut haben. Dort dulden die einzelnen Vögel dann keinen Artgenossen außer dem Partner und später den eigenen Jungen. Besonders die Hähne (Männchen) vertreiben gnadenlos andere Kraniche aus ihrem Nistrevier. Dabei kann es dann zu heftigen Kämpfen kommen. Doch gibt es immer wieder Ausnahmen. Unter Grauen Kranichen etwa werden bisweilen enge Nachbarschaftsbruten festgestellt. Gelegentlich sind die beiden gleichzeitig von zwei verschiedenen Paaren gebauten Nester nur zehn bis fünfzehn Meter voneinander entfernt, aber die jeweiligen Besitzer haben ihre Territorien in entgegengesetzter Richtung etabliert. Ein so eng benachbartes Brüten kommt, anders als bei vielen anderen Vögeln, unter Kranichen seltener vor. Der Grund dafür kann sein, daß der Andrang brutwilliger Paare in einem Landstrich vorübergehend sehr hoch ist. (Ornithologen sprechen dann von einem »Populationsdruck«, der – wenn er über einige Jahre andauert – in der Regel die Ausweitung des Brutareals zur Folge hat.) Es kann auch sein, daß einzelne Paare ihren Nistplatz in der Nähe verloren haben und umdisponieren mußten oder daß die brütenden Nachbarn Junge aus früheren Bruten sind und die Vögel sich deshalb tolerant untereinander zeigen. Das Achten auf Distanz im Brutrevier hat seinen biologischen Sinn. Denn so kommt es nicht auf zu

engem Raum zur Nahrungskonkurrenz untereinander. Das Revier jeder einzelnen Familie muß groß genug sein, damit alle satt werden, vor allem der Nachwuchs. Die Küken, die nach einer Brutzeit von 28 bis 32 Tagen aus den meistens zwei Eiern schlüpfen (Kronenkraniche legen drei, bisweilen gar vier Eier, der Klunkerkranich bebrütet häufig nur ein Ei, dieses dafür aber bis zu gut fünf Wochen), brauchen anfangs viel Insektennahrung, denn die enthält genügend Eiweiß für den schnellen Knochenaufbau.

Fürsorgliche Eltern

Die Fürsorge der Kranicheltern für ihre Jungen ist vorbildlich. Da beide Altkraniche anfangen, abwechselnd zu brüten, sobald die Henne (das Weibchen) das erste Ei gelegt hat, schlüpfen die Jungen entsprechend dem Legeabstand zwei – seltener drei – Tage nacheinander. Noch bevor seine braungelben Dunen getrocknet sind, macht es sich das zuerst von der Eischale befreite Küken zunächst unter der Brust und im Gefieder des brütenden Elternteils bequem, klettert aber schon einen Tag später auf dessen Rücken umher und erkundet auf noch wackeligen Beinen die Umgebung des Nestes. Dabei scheut es auch nicht davor zurück, bald seine angeborenen Schwimmfähigkeiten auszuprobieren. Auf die sind die Jungkraniche in ihren ersten Lebenswochen häufiger angewiesen, denn die meisten wachsen zunächst in einer von Wasser bedeckten Umgebung heran. Auch ausgewachsene Kraniche können schwimmen, wenn es darauf ankommt: Manchmal steigt während der Brutzeit bei anhaltendem Regen der Wasserspiegel um ihr Nest herum so hoch an, daß sie es nicht mehr mit ihren langen Beinen zu Fuß erreichen können. Dann erinnern sie sich an ihre Kindheit, als sie ihren Eltern schwimmend gefolgt sind.

Bei der Führung der Jungen trennen sich die Altvögel tagsüber häufig und jeder zieht mit einem Küken durch das Revier. Damit verringern die Vögel die Gefahr, daß eventuell gleich beide Jungen von einem Beutegreifer getötet werden, und außerdem verbessern sie deren Ernährungsmöglichkeiten. Schließlich herrscht unter den Jungen ein – manchmal ungesunder oder gar tödlicher – Wettbewerb

Wenn es kein Wasser in der Nähe
gibt, landet ein Trupp Jungfernkraniche
auch schon einmal in der Wüste.
Der freie Blick sorgt für Sicherheit vor
Feinden (Wüste Thar bei Khichan/
Rajasthan, Indien).

Jungfernkraniche legen Tausende
von Kilometern zwischen ihren Brutge-
bieten und Winterquartieren zurück.
Viele müssen dabei das Himalaya-
Gebirge überqueren (Kleiner Runn von
Kutch/Gujarat, Indien).

um den ersten Platz, den in der Regel das zuerst geschlüpfte für sich beansprucht.

Es ist beeindruckend, wie gut sich die großen Vögel tarnen und nahezu unsichtbar machen können, ob sie ihr Brutterritorium im Schilfgürtel eines Sees, in einem Erlenbruch oder auf offener Moor- oder Tundrafläche eingerichtet haben. Das gilt auch für die Anlage des Bodennestes. Wechseln sich die Partner beim Brüten ab, so schleichen sie regelrecht zum Nest und entfernen sich ebenso unauffällig.

Genauso heimlich findet sich das Paar mit seinem Anhang auch nach dem Tagesausflug wieder zusammen und übernachtet auf einem Schlafnest, das es schnell aus Wasserpflanzen, Schilf, Gras und kleinen Zweigen im flachen Wasser zusammengetragen hat. Die meisten Kraniche wachsen bei ausreichendem Nahrungsangebot innerhalb von zehn Wochen vom wenige Gramm leichten Dunenküken bis zum flugfähigen, fünf Kilogramm schweren Jungvogel heran. (Auch hierbei macht der Klunkerkra-

UNTEN

Im Winter sind Stauseen und flache Flußabschnitte jeden späten Vormittag Anziehungspunkte für Tausende von Jungfernkranichen, die von der Nahrungssuche auf den umliegenden Feldern dorthin zum Trinken und Ausruhen fliegen. Auch die Nächte verbringen sie im Schutz der Gewässer (bei Ahmedabad/Gujarat, Indien).

nich eine Ausnahme: Er kann erst im Alter von zwölf
bis fünfzehn Wochen fliegen. Paradieskraniche
brauchen gleichfalls mehr Zeit bis zur Flugfähigkeit.
Jungfernkraniche hingegen schwingen sich schon
nach acht Wochen in die Lüfte.)

Alle zwei bis vier Jahre müssen die Kranicheltern
besonders vorsichtig sein. Dann verlieren die *Grus*-
Arten (mit Ausnahme der australischen Brolga-
Kraniche) und die Paradieskraniche während der
Brutzeit innerhalb weniger Tage alle oder nahezu
alle für das Fliegen notwendigen Federn ihrer Schwingen. Zwischen gut vier und knapp acht Wochen
dauert diese Mauser des »Großgefieders«. Während
die neuen Federn wachsen, müssen die Altkraniche
am Boden bleiben. Dann sind sie besonders heimlich und können bei akuter Gefahr nur auf ihre langen
Beine und ihren schnellen Lauf vertrauen. Meistens
mausern Hahn und Henne eines Paares in verschiedenen Jahren, so daß immer ein Vogel flugfähig
ist. Die Jungen erneuern ihr Großgefieder zum ersten
Mal im zweiten Lebensjahr. Die kleinen Federn, die
den Körper bedecken, werden fortlaufend gewech-
selt. An manchen Rastplätzen liegen oder schwimmen die »Flusen« dann zentimeterdick.

Wanderer zwischen den Welten

Die Heimlichkeit der Kranichfamilie dauert so
lange, bis die Jungen flügge sind. Aber auch danach
hält die Familie ihre feste Verbindung noch mindestens sechs bis sieben weitere Monate aufrecht.
Sobald die Jungen ihren Eltern im Flug einigerma-
ßen sicher folgen können, unternimmt die Familie
immer größere Ausflüge im Umkreis des Brutreviers,
bis sie sich schließlich mit anderen zusammentut
und eines Abends im Spätsommer oder Frühherbst
zum ersten Mal einen gemeinschaftlichen Schlafplatz aufsucht. Liegt dieser in der Nähe des Brutreviers, kehrt die Familie tagsüber dahin zurück,
denn dort kennt sie sich aus. Doch mit kürzer wer-
denden Tagen entschließen sich immer mehr Vögel,
statt im Familienverband in größerer Schar auf
Futtersuche auszuschwärmen. Die Kraniche, die in
den mittleren Breiten der Kontinente brüten, erhalten Zuzug von den weiter nördlich ansässigen.
Sie folgen – je weiter südlich sie kommen, in desto

größerer Zahl – bestimmten geographischen Leit-
linien wie Flußtälern oder Küsten und steuern trich-
terförmig auf seit Generationen genutzte Rastregionen und Schlafplätze zu. Sie legen mitunter
an einem einzigen Tag Entfernungen von mehr
als 500 Kilometern, in Ausnahmefällen sogar über
1000 Kilometer zurück. (Die Mehrzahl der Kronenkraniche, Klunkerkraniche und Paradieskraniche in
Afrika verbringt übrigens die Zeit außerhalb der
Brutperiode in unterschiedlich großen Gruppen
weiträumig in der heimatlichen Region, ohne wirklich fortzuziehen. Doch gibt es auch Klunkerkraniche
und Paradieskraniche, die ihren Aufenthaltsort um
mehrere hundert, manchmal mehr als tausend
Kilometer verlegen. Der Kuba-Kranich, der Florida-
Kranich und der Mississippi-Kranich, alle drei Unterarten des Kanadakranichs, bleiben das ganze
Jahr ihrer Brutheimat treu.).

An den großen Sammelplätzen der Kanadakraniche
und der Grauen Kraniche halten sich im Herbst
nicht selten wochenlang Zehntausende von Vögeln
gleichzeitig auf. Während des Herbstzuges ist die
Verweildauer an einzelnen Stationen auf dem Zugweg wesentlich länger als im Frühjahr, denn im
Herbst sind die nicht so flugerprobten Jungen dabei.
Sie wachsen noch und müssen sich während der
Rast, ebenso wie die Altvögel, Fettdepots als Energiereserven für den langen Flug nach Süden zu-
legen. Bis zu 350 Gramm Nahrung braucht jeder
erwachsene Kranich täglich, und im Herbst sind
die abgeernteten Getreideschläge mit ihren liegen-
gebliebenen Körnern, zum Leidwesen der Bauern
aber auch gelegentlich frisch eingesäte Felder,
die bevorzugten Nahrungsplätze. Zwar sind Kraniche
Allesfresser, die vom Insekt und Regenwurm über
den Krebs, die Schnecke, den Frosch und die Maus
bis zur Schlange, vom Vogelei bis zum Fisch nichts
verschmähen, die meisten aber werden, sobald
sie flügge sind, überwiegend zu Vegetariern, die
sich von Samen, Früchten, Wurzelknollen und Getreidekörnern ernähren. Das pflanzliche Angebot
ist nun einmal reichhaltiger, verläßlicher und un-
abhängiger vom Wetter. Eine gelegentliche »Fleisch-
zulage« ist dessen ungeachtet aber jederzeit will-
kommen.

Im Frühjahr wählen die Kraniche zwar in aller Regel dieselben Zugrouten in umgekehrter Richtung, doch dann haben sie es viel eiliger als im Herbst; es zieht sie mit aller Macht in die Brutgebiete. Nur wenn dort noch viel Schnee liegt, warten sie die Zeit bis zu dessen Schmelze weiter südlich ab. Doch Kraniche können auch eine Zeitlang in verschneiter Landschaft zurechtkommen. Kälte ist für sie kein Problem. Selbst wenn das Thermometer unter minus 20 Grad Celsius fällt, ertragen sie das ohne weiteres, solange sie offenes Wasser zum Übernachten und genügend Nahrung finden. Die Mandschurenkraniche auf der japanischen Nordinsel Hokkaido sind der beste Beweis dafür.

Körpersprache mit Farben, Federn und Bewegungen

An den großen Sammelstellen üben die Jungkraniche das soziale Gruppenverhalten und können erstmals ihre ererbten Verhaltensrituale außerhalb der Familie erproben. Zwar halten sie sich bis zum

folgenden Frühjahr stets in der Nähe ihrer Eltern auf, werden auch von diesen, obwohl »versorgungstechnisch« schon eigenständig, immer wieder einmal zwischendurch mit einem Maiskorn, einem Krebs oder einer Schnecke verwöhnt und gegen zudringliche Artgenossen verteidigt, doch sie müssen sich zunehmend mit anderen Kranichen arrangieren oder auseinandersetzen. Wie sie sich Respekt verschaffen können, haben sie bereits während des Heranwachsens bei ihren Eltern gesehen. Auch außerhalb der Balz spielen unter den Paaren gestenreiche Bewegungen wie Auf- und Abspringen, das Knicksen mit den langen Beinen, das Schlagen, Ausbreiten und Spreizen der Flügel, kurzes Hochfliegen mit anschließender senkrechter Landung, das Strecken und Biegen des Halses, das Absenken des Kopfes, das Hochwerfen von Steinen, Erdklumpen und Pflanzenteilen mit dem Schnabel und Rundläufe eine wichtige Rolle. Das, was gemeinhin als »Tanz der Kraniche« bezeichnet wird und früher überwiegend als Stimulanz zur Verlobung und

Paarung angesehen wurde, zieht sich bei den Kranichen durch alle Altersstufen und Jahreszeiten. Die vielfältigen Bewegungen sind Ausdruck verschiedener Stimmungen und Formen der Kommunikation. Noch bevor sie fliegen können und ihre Stimmen einen artgemäßen Klang annehmen, fangen die Jungen mit den Tanzübungen an. Meistens beginnen einzelne oder zwei Kraniche mit den zum Teil recht komisch anmutenden Vorführungen. An den Versammlungsplätzen lassen sich daraufhin gelegentlich weitere Vögel animieren, und es kommt dann zu regelrechten Gruppentänzen vieler Tiere. Diese Spektakel dauern nicht lange, können aber mehrfach am Tag einsetzen. Die Jungvögel scheinen besondere Freude daran zu finden, denn sie beteiligen sich auch ohne ihre Eltern gerne daran.

Dabei können sie anfangs verschiedene Attribute noch gar nicht einsetzen, die besonders alle *Grus*-Arten auszeichnen. Das Gefieder, in dem bei den

Jungen im ersten Lebensjahr braune Töne vorherrschen, spielt insbesondere beim »Imponieren« der Vögel eine wichtige Rolle. Dann stellen sie ihre langen, am Ende breit ausgefransten Armschwingen auf, die bei zusammengelegten Flügeln über den kurzen Schwanz fallen (und häufig fälschlicherweise für Schwanzfedern gehalten werden), und lassen sie wie einen großen buschigen Strauß erscheinen. Diese »Schmuckfedern« entwickeln sich bei den Kranichen nach der ersten Mauser, dem Wechsel des Großgefieders, zur annähernd vollen Länge. (Bei den Paradieskranichen sind die Schmuckfedern besonders ausgeprägt und reichen bis auf den Boden. Die Kronenkraniche hingegen haben die kürzesten Armschwingen.) Neben den Armschwingen sind die Handschwingen in der Körpersprache von Bedeutung. Bei Droh- und Prahlgebärden werden sie wie ein Fächer nach unten auseinandergespreizt. Besonders bei den drei »weißen« Arten ist das eindrucksvoll: Nonnenkraniche und Schreikraniche

UNTEN

Ein Altkranich besteigt bei der Brutablösung das Nest, um das zweite Ei für einen oder zwei Tage weiter zu bebrüten und das schon geschlüpfte Küken zu wärmen (Kreis Herzogtum Lauenburg/Schleswig-Holstein, Deutschland).

Graue Kronenkraniche legen bei der
Nahrungssuche auf einem abgeernteten
Maisfeld immer wieder einmal eine
»Tanzpause« ein – nicht immer nur aus
Freude an der Bewegung, sondern
häufig genug auch im Streit untereinan-
der (bei Nottingham Road/KwaZulu-
Natal, Südafrika).

FOLGENDE DOPPELSEITE
Auch die Schwarzen Kronenkraniche
sind Nutznießer der Landwirtschaft.
Doch was nützt ihnen die Ausweitung
des Ackerbaus, wenn gleichzeitig die
natürlichen Feuchtgebiete, die sie zum
Brüten brauchen, für landwirtschaftliche Zwecke trockengelegt werden?
(Akaki bei Addis Abeba, Äthiopien).

haben schwarze Handschwingen und weiße Armschwingen, bei den Mandschurenkranichen ist es
umgekehrt.

Nach der ersten Mauser von Klein- und Großgefieder kommen auch die arttypischen Farben und
Zeichnungen des Federkleides stärker zum Vor-
schein. Ein charakteristisches Merkmal der meisten
Kranicharten (mit Ausnahme der Jungfernkraniche
und der Paradieskraniche) sind die rot gefärbten
nackten Hautpartien an Kopf und Hals, die von Art
zu Art unterschiedlich groß sind. Bei Erregung der
Vögel schwellen die kahlen, wie mit Warzen bedeckt
erscheinenden Flächen an und werden größer.
Bei Streitigkeiten senken die Kraniche ihre Köpfe
und stellen die roten Hauben wie Warnsignale
zur Schau.

Trillern, Knurren und Trompeten

Nicht nur auf die leuchtenden Hautpartien müssen
die Jungkraniche in ihrem ersten Lebensjahr und
teilweise noch bis ins zweite hinein verzichten. Auch
mit ihrer Stimme, die im Zusammenleben der Vögel
eine große Rolle spielt, ist es anfangs nicht weit
her. Schon vor dem Schlüpfen aus dem Ei haben die
Küken mit einem zarten Piepsen und Trillern durch
die Eischale Kontakt zu ihren Eltern aufgenommen.
Noch einige Wochen nach dem Schlüpfen halten
sie mit diesen Kontaktlauten die Verbindung zu
den Altvögeln aufrecht. Wenn die Jungen Angst
haben, können sie die zarten Töne zu einem durchdringenden Piepen steigern. Das wird, sobald sie
flügge sind, zu einem etwas weicheren, aber weithin
hörbaren Fiepen. Diese Töne, mit denen die Jungen
die akustische Verbindung zu ihren Eltern auch
während des Fluges in den Zugverbänden halten,
haben früher die nordamerikanischen Indianer vermuten lassen, die Kraniche würden in ihrem Gefieder
Singvögel auf dem Zug nach Süden mitnehmen.
Daß so große Vögel, wie es die flüggen Jungkraniche
sind, so hohe, geradezu kläglich klingende Rufe
von sich geben, läßt sich auch heute manchem Beobachter, der sie zum ersten Mal hört, nur schwer
vermitteln. Zumal, wenn gleichzeitig die Altkraniche ihre lauten Trompetenklänge ertönen lassen oder
mit tiefen Knurrlauten ihre Jungen beruhigen.

Ein solches – recht leises – Knurren, das nur aus der Nähe zu vernehmen ist, dient den Partnern auch zur Verständigung bei der Brutablösung. Eher als Gurren sind die weichen Töne zu beschreiben, mit denen die Eltern ihren Küken Geborgenheit vermitteln. Geht es darum, Feinde aus der Umgebung des Nestes zu vertreiben, lassen Kraniche ein scharfes Zischen erklingen, das an Schlangen erinnert. Die eindrucksvollsten Lautäußerungen jedoch sind die kilometerweit vernehmbaren sogenannten Doppelrufe, die die Vögel in ihrem Revier wie auch an den Sammelplätzen und im Winterquartier mit steil nach oben gereckten Hälsen von sich geben. Da-

bei handelt es sich um laute, wie Fanfarenstöße klingende »Schmettertöne«, die Hahn und Henne abwechselnd in dichter Folge erklingen lassen. Sie folgen so dicht aufeinander, daß man glaubt, die aufgeregten Rufe stammten von einem einzigen Vogel. Die Doppelrufe (auf sie sollen übrigens die wissenschaftlichen Bezeichnungen der Ordnung, der Familie und der Gattung *Grus* zurückgehen: das lateinische Wort *congruere* bedeutet übereinstimmen) haben unterschiedliche Bedeutung. Mal krönen sie als »Duettruf« *(Unison call)* eine Paarung oder bekräftigen einfach die Zusammengehörigkeit, mal zeigen sie – besonders am frühen

Morgen – den Revierbesitz an *(Territorial call)*, mal werden sie als Warnruf *(Guard call)* ausgestoßen. Auch der Drohruf *(Alarm call)*, häufig von einem einzelnen Vogel herausgeschmettert, könnte nie ein so eindrucksvolles Fanal sein, hätten die Kraniche nicht für ihre Lautäußerungen mit einer verlängerten und im Brustkorb in Windungen verlegten Luftröhre einen optimalen Resonanzraum. Neben den eindrucksvollen Doppelrufen gibt es weitere Signale unterschiedlicher Intensität und Tonfärbung: den Erregungsruf *(Stress call)*, den Suchruf *(Location call)*, den Kontaktruf *(Contact call)*, den Zugruf *(Migration call)*, der etwas mit Orientierung zu tun hat, und den mit vorgestrecktem Hals ausgestoßenen Startruf *(Flight intention call)*. Kranichkenner unterscheiden weiterhin den Nahrungsbettellaut *(Food begging call)*, verschiedene Balzlaute *(Precopulatory calls)* und eine Reihe voneinander abweichender Nestlaute *(Nesting calls)*.

Die meisten dieser Lautäußerungen der Kraniche sind, wenn auch häufig überlagert, an den Sammelplätzen außerhalb der Brutzeit zu hören. Wo sich Tausende von ihnen zusammenfinden, herrscht fast ständig Stimmengewirr. Nur nachts an den gemeinsam aufgesuchten flachen Gewässern, sei es an der Meeresküste oder im Binnenland, sei es auf

Ein Paar Klunkerkraniche nimmt zum Auffliegen einen Anlauf. Sie sind von den vier in Afrika brütenden Kranicharten am stärksten gefährdet; ihre Zahl hat sich seit 1980 auf unter achttausend verringert (Okawango Delta, Botswana).

Viele der weiten Graslandschaften Südafrikas waren ein bevorzugtes Brutgebiet der Paradieskraniche. Doch viele Millionen Hektar offene Landschaft sind in den vergangenen 50 Jahren aufgeforstet worden – mit der Folge, daß den nur in Südafrika beheimateten *Blue Cranes* vor allem im Norden der Südafrikanischen Republik viel Lebensraum verloren gegangen ist (Steenkampsberg/Mpumalanga, Südafrika).

einer Sandbank im Fluß, im Uferbereich eines Sees, auf einer überschwemmten Wiese, in halb abgelassenen Fischteichen oder gar in Klärteichen, kehrt für einige Stunden Ruhe ein. Mit umso größerer Lautstärke bereiten sich die Vögel in der Morgendämmerung auf den Aufbruch zu den Nahrungsgründen vor. Die ersten Familien und Trupps verlassen den Schlafplatz lange vor Sonnenaufgang. Mitunter kommt es aber auch unter ohrenbetäubendem »Geschrei« zu einem Massenstart.

Es hängt – neben Störungen – vom Wetter ab, wie schnell die Kraniche ihr Nachtquartier räumen. Wo die Voraussetzungen gleichmäßig gut bleiben, suchen Generationen von Kranichen jahrzehntelang dieselben Orte auf. Sie nehmen dann sogar zweimal täglich Flüge von über 50 Kilometern Entfernung in Kauf, um zu den Futterflächen zu gelangen. Das bedeutet dann morgens und abends jeweils eine Stunde Flug. Auf diese Weise trainieren

die Jungen im Herbst ihre Muskeln und lernen, sich zu orientieren.

Kraniche auf Reisen

An den Rastplätzen herrscht sowohl im Herbst als auch im Frühjahr ein ständiges Ankommen und Abfliegen. Obwohl sich die Kraniche nach der Brutzeit länger in einer Region aufhalten als davor, haben doch jede Familie und die von mehreren Familien oder unverpaarten Vögeln gebildeten Gruppen ihre individuellen Reisepläne. Da diese aber häufig stark vom Wetter beeinflußt werden, kommt es mitunter zu einem »Zugstau«. Dann kann es Tage, manchmal ein bis zwei Wochen dauern, bis günstige Fernflugbedingungen herrschen. Im Herbst heißt das auf der nördlichen Erdhalbkugel Hochdruck und Wind aus Nordost, im Frühjahr sollen die Winde am besten aus südlicher Richtung wehen. Haben viele Kraniche länger auf den Auf-

Wenn die Florida-Kanadakraniche in Balzlaune sind, ergreifen sie gerne jeden erreichbaren Gegenstand und schleudern ihn in die Luft. Hier nimmt einer der Vögel den Stengel einer abgestorbenen Wasserpflanze in den Schnabel und animiert so seinen Partner zu einigen Flattersprüngen (Abbildung rechts). Die Floridakraniche, wie sie auch genannt werden, sind keine Zugvögel, sondern bleiben das ganze Jahr in der Nähe ihres Heimatreviers. Zeitweise schließen sie sich außerhalb der Brutzeit zu kleinen Trupps zusammen (bei Lake Mary/ Florida, USA).

FOLGENDE DOPPELSEITE
Im Herbst ziehen viele der Großen Kanadakraniche, die in den Rocky Mountains brüten, nach New Mexico, wo sie zu Zehntausenden in Schutzgebieten, oft gemeinsam mit noch mehr Schneegänsen, überwintern. Dabei kann es passieren, daß nachts das Wasser um ihre Füße und Beine gefriert (Bosque del Apache NWR/ New Mexico, USA).

bruch ins Winterquartier warten müssen, machen sich aus stark besuchten Rastregionen beim Einsetzen guten Reisewetters an einem Vormittag auf einen Schlag Zehntausende von ihnen auf den Weg.

Gibt es eine kontinentalweite Hochdruckzone, kann es sein, daß sie – in Ausnahmefällen, wie es bei den Grauen Kranichen zwischen der deutschen Ostseeküste und Südwestfrankreich und Nordspanien schon vorgekommen ist – ohne Unterbrechung mehr als 24 Stunden fliegen und nonstop bis zu 2000 Kilometer zurücklegen. Bei Rückenwind können Kraniche ihre normale Fluggeschwindigkeit von 50 bis 60 Stundenkilometern um mehr als die Hälfte erhöhen. Dann wird auch in der Nacht der Flug nicht unterbrochen, was die Vögel ansonsten unter entspannten Reisebedingungen gerne

tun – aus gutem Grund: Nachts ist die Orientierung an Landschaftsmerkmalen schwieriger, wenngleich in den immer dichter besiedelten Ländern, die die Kraniche überfliegen, zunehmend beleuchtete Dörfer, Städte und Straßen sowie der Autoverkehr mit seinen Scheinwerfern bei der Richtungsbestimmung helfen. Vogelkundler vermuten, daß sich Kraniche wie andere Vögel auf ihren Wanderungen auch an Sternen und erdmagnetischer Strahlung orientieren. In der Dunkelheit fliegen die Langstreckenzieher in der Regel in größerer Höhe. Während sie tagsüber am liebsten einen Abstand von etwa 300 bis 500 Metern zum Erdboden halten, schrauben sie sich nachts um einiges höher. Aber auch bei klarem Himmel wurden schon Kranichschwärme von Flugzeugen aus in über 4000 Metern beobachtet. Müssen die Vögel Gebirge überqueren, können sie leicht

auf eine Flughöhe von mehr als 8000 Metern über
dem Meeresspiegel steigen.

Daß es nachts, insbesondere bei plötzlich aufkom-
mendem Nebel, gefährlich für ziehende Kraniche
werden kann, haben verschiedentlich Unfälle und
Notlandungen gezeigt: Am Abend des 7. November 1998 überflogen etwa 2000 Graue Kraniche rund
100 Kilometer nördlich von Frankfurt am Main und
50 Kilometer westlich von Fulda den Vogelsberg,
einen Höhenzug in Hessen. Wahrscheinlich hielten

die Vögel eine von unten durch die Beleuchtung
der Kleinstadt Ulrichstein angestrahlte tief liegende
Nebeldecke irrtümlich für ein Gewässer und wollten dort landen. Der Flug vieler von ihnen endete
aber abrupt mitten in der Stadt auf Straßen, an
Hauswänden und in elektrischen Leitungen. Die auf-
geschreckten Bewohner glaubten an eine Natur-
katastrophe (was es auch war), und nur weil die Feu-
erwehr bald die Straßenbeleuchtung und andere
starke Lichtquellen abschaltete, wurde noch größe-

Auf ihren langen Wanderungen treffen
gelegentlich die graubraunen Kanadakraniche mit den weißen Schreikranichen zusammen, vor allem am Platte
River in Nebraska. Hier sind es aber
zwei Vögel aus einem gescheiterten
Wiederansiedlungsprojekt in den Rocky
Mountains, das auf Seite 142 näher
beschrieben ist (Bosque del Apache
NWR/ New Mexico, USA).

res Unheil verhindert. Mit 16 toten, sieben stark verletzten und Hunderten von erheblich verwirrten Kranichen war die Bilanz schlimm genug.

Manche Kraniche, wie etwa drei der sechs Unterarten des Kanadakranichs, die Schreikraniche, die sibirischen Nonnen- oder Schneekraniche, die Mönchskraniche, die Weißnackenkraniche, nicht wenige Graue Kraniche und einige Mandschurenkraniche müssen im Verlauf ihres Zuges aus menschenleeren Brutgebieten in der nordischen Taiga und Tundra in dicht besiedelte südlichere Zonen eine gewaltige Anpassungsfähigkeit an den Tag legen. Die Vögel überfliegen die Grenzen zahlreicher Länder, in denen unterschiedliche Schutzbestimmungen gelten oder in denen Jagdtraditionen herrschen, die für sie gefährlich sein können. Unzählige andere Gefahren drohen, und es gilt, viele Hindernisse zu umfliegen. Die Jungvögel könnten die lange Reise nicht ohne die Führung durch ihre Eltern bewältigen. Dennoch verunglückt eine nicht uner-

hebliche Zahl der Jungen auf dem Herbstzug: Sie kollidieren mit elektrischen Leitungen, gehen an Erschöpfung zugrunde, werden abgeschossen oder gefangen. Auch im Winterquartier ist das Leben nicht leicht, zumal wenn die Menschen ihnen nicht genügend Raum und Ruhe gewähren. Genügend und ausreichend große Wasserflächen sowie ein reichhaltiges Nahrungsangebot (für manche Arten, wie den Schreikranich und den Nonnenkranich, fällt beides zusammen) sind weitere wichtige Voraussetzungen, den Winter zu überstehen.

Ein hohes Lebensalter und viele Junge garantieren das Überleben der Art

Die größten Verluste mit bis zur Hälfte ihrer Zahl erleiden Jungkraniche allerdings in der Zeit vom Schlüpfen bis zum Verlassen ihrer Brutheimat. Stellen die Jungvögel aus der vorausgegangenen Brutsaison in den Rastpopulationen einen Anteil von zehn bis zwölf Prozent, sind die Kranichschützer zufrieden. Ist diese Zahl über mehrere Jahre wesentlich niedriger, machen sie sich berechtigte Sorgen um den Fortbestand der jeweiligen Population oder gar der Art.

Selbst wenn die Gesamtzahl der Vögel vielleicht eine Zeitlang stabil bleibt, ist das noch keine Garantie für eine gesicherte Zukunft: Zwar können Kra-

niche recht alt werden und bleiben lange fortpflanzungsfähig. (Als freilebende Vögel erreichen sie ein Durchschnittsalter von etwa zwölf Jahren, einzelne Tiere können sogar älter als 30 Jahre werden. In Gefangenschaft soll es ein Nonnenkranich auf über siebzig Jahre gebracht haben. Manche Zoologen halten es für möglich, daß Kraniche älter als einhundert Jahre werden.)

Da viele Kraniche aber nicht einmal das Durchschnittsalter erreichen, ist es wichtig, daß mit jedem Jahrgang genügend Junge nachwachsen. Anderenfalls nimmt der Bestand langsam und anfangs kaum merkbar ab und geht möglicherweise irgendwann einmal an Überalterung zugrunde, wenngleich er eine Zeitlang stabil erschienen ist.

Nach dem langen Flug ins Winterquartier stehen den Jungen noch harte Zeiten bevor. Die größte Bewährungsprobe kommt für sie, wenn sich die Eltern gegen Ende des Winters von ihnen trennen, um frei für die kommende Brut zu sein. Manchmal müssen die Altvögel ihre Jungen regelrecht vertreiben, wenn diese den plötzlichen Sinneswandel ihrer Eltern nicht verstehen und immer wieder versuchen, sich in ihrer Nähe aufzuhalten. Entweder lösen sich die Eltern von ihren Jungen schon im Winterquartier. Oder sie tun es auf dem Heimzug, spätestens aber bald nach der Ankunft im Brutrevier. Die verwaisten Jungen suchen dann Anschluß an Schicksalsgenossen und ziehen bis zum nächsten Herbst als Junggesellentrupp durchs Land. Im Alter von zwei bis drei Jahren verpaaren sie sich in der Regel, manche später. Die Verlobung zwischen einem Hahn und einer Henne findet meistens im Winter statt, es sei denn die Brutzeit fällt, wie bei den afrikanischen Klunkerkranichen, in diese Jahreszeit. Nachdem ein Paar zusammengefunden hat, können noch ein bis drei Jahre vergehen, bis es zum ersten Mal erfolgreich brütet und beginnt, seinen Teil zur Erhaltung der Art beizutragen.

LINKS

Auch in seinem Winterquartier achtet ein Schreikranichpaar – hier startet ein Paar mit seinem etwa neun Monate alten Jungen zu einem Standortwechsel – darauf, daß kein Artgenosse in das einmal ausgewählte und über viele Jahre immer wieder aufgesuchte Territorium eindringt. So stellen die Vögel sicher, daß es keine Nahrungskonkurrenz unter ihnen auf zu kleiner Fläche gibt (Aransas NWR/Texas, USA).

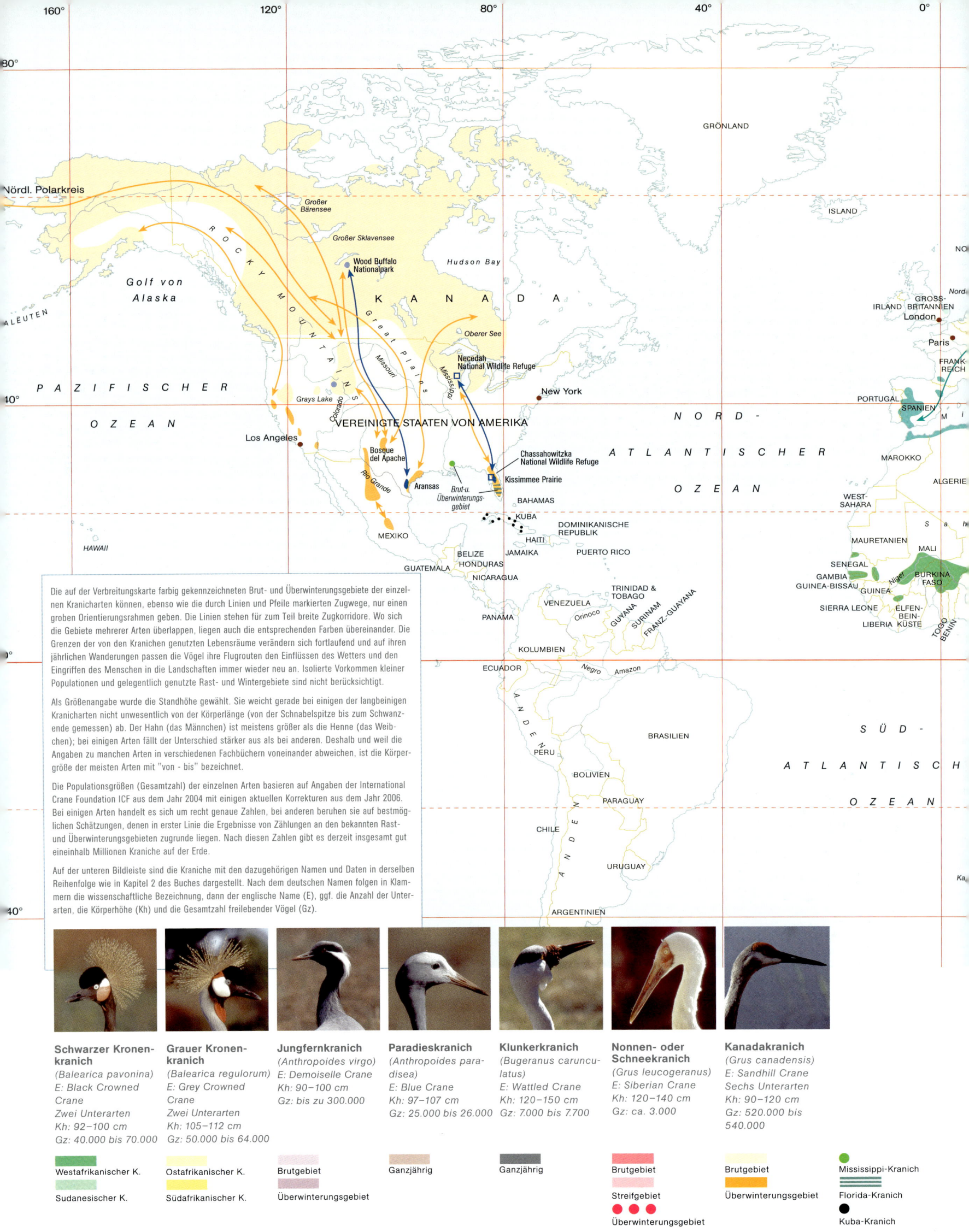

Die auf der Verbreitungskarte farbig gekennzeichneten Brut- und Überwinterungsgebiete der einzelnen Kranicharten können, ebenso wie die durch Linien und Pfeile markierten Zugwege, nur einen groben Orientierungsrahmen geben. Die Linien stehen für zum Teil breite Zugkorridore. Wo sich die Gebiete mehrerer Arten überlappen, liegen auch die entsprechenden Farben übereinander. Die Grenzen der von den Kranichen genutzten Lebensräume verändern sich fortlaufend und auf ihren jährlichen Wanderungen passen die Vögel ihre Flugrouten den Einflüssen des Wetters und den Eingriffen des Menschen in die Landschaften immer wieder neu an. Isolierte Vorkommen kleiner Populationen und gelegentlich genutzte Rast- und Wintergebiete sind nicht berücksichtigt.

Als Größenangabe wurde die Standhöhe gewählt. Sie weicht gerade bei einigen der langbeinigen Kranicharten nicht unwesentlich von der Körperlänge (von der Schnabelspitze bis zum Schwanzende gemessen) ab. Der Hahn (das Männchen) ist meistens größer als die Henne (das Weibchen); bei einigen Arten fällt der Unterschied stärker aus als bei anderen. Deshalb und weil die Angaben zu manchen Arten in verschiedenen Fachbüchern voneinander abweichen, ist die Körpergröße der meisten Arten mit "von - bis" bezeichnet.

Die Populationsgrößen (Gesamtzahl) der einzelnen Arten basieren auf Angaben der International Crane Foundation ICF aus dem Jahr 2004 mit einigen aktuellen Korrekturen aus dem Jahr 2006. Bei einigen Arten handelt es sich um recht genaue Zahlen, bei anderen beruhen sie auf bestmöglichen Schätzungen, denen in erster Linie die Ergebnisse von Zählungen an den bekannten Rast- und Überwinterungsgebieten zugrunde liegen. Nach diesen Zahlen gibt es derzeit insgesamt gut eineinhalb Millionen Kraniche auf der Erde.

Auf der unteren Bildleiste sind die Kraniche mit den dazugehörigen Namen und Daten in derselben Reihenfolge wie in Kapitel 2 des Buches dargestellt. Nach dem deutschen Namen folgen in Klammern die wissenschaftliche Bezeichnung, dann der englische Name (E), ggf. die Anzahl der Unterarten, die Körperhöhe (Kh) und die Gesamtzahl freilebender Vögel (Gz).

Schwarzer Kronenkranich
(Balearica pavonina)
E: Black Crowned Crane
Zwei Unterarten
Kh: 92–100 cm
Gz: 40.000 bis 70.000

Grauer Kronenkranich
(Balearica regulorum)
E: Grey Crowned Crane
Zwei Unterarten
Kh: 105–112 cm
Gz: 50.000 bis 64.000

Jungfernkranich
(Anthropoides virgo)
E: Demoiselle Crane
Kh: 90–100 cm
Gz: bis zu 300.000

Paradieskranich
(Anthropoides paradisea)
E: Blue Crane
Kh: 97–107 cm
Gz: 25.000 bis 26.000

Klunkerkranich
(Bugeranus carunculatus)
E: Wattled Crane
Kh: 120–150 cm
Gz: 7.000 bis 7.700

Nonnen- oder Schneekranich
(Grus leucogeranus)
E: Siberian Crane
Kh: 120–140 cm
Gz: ca. 3.000

Kanadakranich
(Grus canadensis)
E: Sandhill Crane
Sechs Unterarten
Kh: 90–120 cm
Gz: 520.000 bis 540.000

Westafrikanischer K.
Sudanesischer K.
Ostafrikanischer K.
Südafrikanischer K.
Brutgebiet
Überwinterungsgebiet
Ganzjährig
Ganzjährig
Brutgebiet
Streifgebiet
Überwinterungsgebiet
Brutgebiet
Überwinterungsgebiet
Mississippi-Kranich
Florida-Kranich
Kuba-Kranich

Saruskranich
(Grus antigone)
E: Sarus Crane
Drei Unterarten
Kh: 145–180 cm
Gz: 15.000 bis
17.000

Australischer (oder Brolga-) Kranich
(Grus rubicundus)
E: Brolga or
Australian Crane
Kh: 125 cm
Gz: 40.000 bis 50.000

Weißnackenkranich
(Grus vipio)
E: White-naped
Crane
Kh: 135–140 cm
Gz: 3.200 bis 4.000

Mandschurenkranich
(Grus japonensis)
E: Red-crowned or
Japanese Crane
Kh: 140–160 cm
Gz: 2.100 bis 2.300

Schwarzhalskranich
(Grus nigricollis)
E: Black-necked
Crane
Kh: 125–135 cm
Gz: 7.700 bis 7.900

Mönchskranich
(Grus monachus)
E: Hooded Crane
Kh: 95–115 cm
Gz: 10.500 bis 12.000

Schreikranich
(Grus americana)
E: Whooping Crane
Kh: 130–150 cm
Gz: 336; 135 in
Gefangenschaft
(April 2006)

Grauer Kranich oder Graukranich
(Grus Grus)
E: Eurasian or Common
Crane
Kh:110–125 cm
Gz: bis zu 450.000

Brutgebiet / Streifgebiet
Brutgebiet / Streifgebiet
Brutgebiet / Überwinterungsgebiet
Brutgebiet / Überwinterungsgebiet
Brutgebiet / Überwinterungsgebiet
Brutgebiet / Überwinterungsgebiet
Brutgebiet / Überwinterungsgebiet / Wiederansiedelungsgeb.
Brutgebiet / Überwinterungsgebiet

Ähnlich und doch verschieden:
Jede Art hat ihre Eigenheiten

LINKE SEITE
Im Alter von zwei Tagen kann sich der junge Mandschurenkranich im Gefolge seiner Eltern schon ziemlich selbständig einen Weg durch das abgestorbene Schilf des Vorjahres bahnen. Nur dort, wo er nicht weiterkommt, helfen ihm die Altvögel, indem sie zu dicht stehende Halme niedertreten (Zhalong Naturreservat/Provinz Heilongjiang, China).

FOLGENDE DOPPELSEITE
Wenn sie fliegen, kommt die ganze Farbenpracht der Schwarzen (Sudanesischen) Kronenkraniche zur Geltung (Akaki bei Addis Abeba, Äthiopien).

Die 15 Kranicharten haben zwar viele Gemeinsamkeiten, doch neben unterschiedlichem Aussehen zeigen sie zum Teil auch stark voneinander abweichende Verhaltensweisen und Vorlieben. Am ähnlichsten sind sie sich noch im Kükenalter. In ihrem grau- bis goldbraunen Dunengefieder, das bei einzelnen Arten leicht unterschiedliche Farbnuancen zeigt, sind sie auch für einen Kenner nicht so leicht auseinanderzuhalten, wenn andere Hinweise fehlen. Am ehesten läßt sich die Artzugehörigkeit der Kranichküken noch an ihren Beinen, ihren Füßen und an ihrem Schnabel erkennen. Wie bei allen Kranichküken sind beim wenige Tage alten Mandschurenkranich (abgebildet auf der gegenüberliegenden Seite) die Beine und Füße recht groß im Verhältnis zu seinem kleinen Körper, selbst wenn er ihn noch so sehr in die Höhe reckt. Das ist auch notwendig, denn er muß als »Nestflüchter« spätestens am dritten Tag nach dem Schlüpfen seinen Eltern nachlaufen oder hinterherschwimmen können. Bereits in ihren ersten Lebenswochen entwickeln die Vögel artspezifische Verhaltensweisen, die sich später, wenn sie erwachsen sind, noch verstärken können. Die Anlagen dazu werden ihnen schon ins Ei gelegt. Die Küken der einen Art beispielsweise sind als Geschwister untereinander aggressiv bis zur gegenseitigen Tötung, die Küken der anderen Art hingegen gehen tolerant miteinander um. Diese Eigenschaft zeigt sich tendenziell auch später: Die in ihrer Kindheit kampflustigen Arten, wie etwa der amerikanische Schreikranich, führen als erwachsene Vögel eher ein isoliertes Familienleben und verteidigen das ganze Jahr hindurch ein eigenes Territorium gegen Artgenossen. Die anderen, die schon früh miteinander auskommen, fühlen sich im späteren Leben außerhalb der Brutzeit in großer Gesellschaft mit ihresgleichen wohl.

Durch neue Erkenntnisse und Forschungsergebnisse ändert sich alle paar Jahrzehnte die Familienchronik der Kraniche. Das wird auch in der Zukunft weiterhin möglich sein. Die anschließenden kurzen Porträts schildern, auch aus persönlicher Erfahrung des Autors, die Lebensgewohnheiten der einzelnen Arten, ihre Verbreitung, Bestandsentwicklung und einige für sie entwickelte Schutzprogramme; sie orientieren sich – bis auf das letzte Drittel – an der Reihenfolge, die Curt D. Meine und George W. Archibald für ihren Status Survey and Conservation Action Plan *The Cranes* gewählt haben, der 1996 von der IUCN (The World Conservation Union) veröffentlicht wurde. Sie beginnt, wie die meisten Kranichvorstellungen, ganz klassisch mit den beiden ältesten noch lebenden Arten, den Kronenkranichen. Aber sie endet hier mit der Art, die über drei Kontinente verbreitet ist und die, wenn ihre Entwicklung sich so fortsetzt wie seit etwa 1970, noch vor den Kanadakranichen bald am zahlreichsten von allen vertreten sein wird: mit dem Grauen Kranich.

pavonina, der Sudanesische Kronenkranich *(Balearica pavonina pavonina)*, interessierte meine Begleiter und mich ebenso.

Am nächsten Vormittag wurden wir nicht enttäuscht. Nur 25 Kilometer südlich von Addis Abeba entdeckten wir auf einem abgeernteten Feld in der Nähe des zeitweiligen Überschwemmungsgebiets Endode einen Trupp von 22 Vögeln mit überwiegend dunklem Gefieder, goldgelber Federkrone und leuchtend roten Wangen. Von einigen Viehhirten, die in ihrer Nähe vorbeizogen, ließen sie sich nicht beeindrucken, doch bei unserer Annäherung reckten sie bald die Hälse, so daß wir einen größeren Abstand für ratsam hielten. Erst allmählich gewöhnten sich die schwarzen »Pfauenkraniche« an die fremden Gestalten und ließen uns schließlich bis auf etwa hundert Meter herankommen, ohne unruhig zu werden. Ihre Gelassenheit der einheimischen Landbevölkerung gegenüber zeigte uns, daß sie von den Menschen augenscheinlich nichts zu befürchten haben.

Ich hatte fünfzehn Jahre zuvor im nördlichen Zipfel von Kamerun in Grenznähe zum Tschad einige Dutzend Westliche Kronenkraniche *(Balearica pavonina ceciliae)* ausgiebig beobachten können. Sie sind hier inzwischen wie auch anderswo im westlichen Afrika bis auf vereinzelte Paare verschwunden. Diese zweite Unterart des Schwarzen Kronenkranichs gilt heute in ihrem Bestand als stark gefährdet. Von einer Population Westlicher Kronenkraniche, die mit Ausnahme der geschlossenen Wälder und Wüstengebiete einst über ganz Westafrika verbreitet war und deren Zahl noch vor 50 Jahren mit mehr als 100 000 Vögeln angegeben wurde, leben – auf einer Fläche etwa von der Größe Europas – nach jüngsten Schätzungen noch knapp 15 000. Zwar sind die Sudanesischen Kronenkraniche mit ihrem Hauptverbreitungsgebiet im Sudan und in

RECHTE SEITE
Kronenkraniche sind die einzigen in der Familie der Kraniche, die sich auf Bäume, Masten, Koppelpfähle und sogar auf Hausdächer setzen. Auf der Abbildung rechts sind es Schwarze (Westafrikanische) Kronenkraniche (Waza-Nationalpark in Kamerun, in Grenznähe zum Tschad).

Schwarzer Kronenkranich *(Balearica pavonina)*: Der westlichen Unterart geht es noch schlechter als der östlichen

Nicht einmal eine halbe Stunde dauere die Autofahrt und schon könnten wir Schwarze Kronenkraniche sehen, hatte Yilma Dellelegn Abebe bei unserer Ankunft um Mitternacht am Flughafen der äthiopischen Hauptstadt Addis Abeba versprochen und unsere kleine dreiköpfige Gruppe in gespannte Erwartung versetzt. Als langjähriger Mitarbeiter der Ethiopian Wildlife and Natural History Society und Chef von Ornithopia, einem auf vogelkundliche Touren durch das nordostafrikanische Land spezialisierten Reiseveranstalter, mußte er es wissen. Zwar waren wir Ende Januar in erster Linie hierher gekommen, um die Lebensbedingungen Eurasischer Grauer Kraniche in ihrem Winterquartier zu studieren, doch die östliche Unterart von *Balearica*

Ein Trupp Westafrikanischer Kronenkraniche landet an einem Gewässer
in der Savanne des nördlichen Kamerun.
Darin unterscheiden sie sich nicht von
anderen Kranich-Arten: Außerhalb der

Brutzeit sammeln sich die Vögel zur
Mittagsstunde, um zu trinken (Waza-
Nationalpark in Kamerun, in Grenznähe
zum Tschad).

Äthiopien (mit kleinen Vorkommen im Norden Ugandas und Kenias und im Südosten des Tschad) etwa doppelt bis dreimal so zahlreich, doch auch bei ihnen ist der Trend stark rückläufig. Manche Kenner der afrikanischen Kranichsituation meinen, daß die Gesamtzahl freilebender Schwarzer Kronenkraniche nur noch bei 40 000 liege. Der Siedlungsdruck einer stark wachsenden Bevölkerung mit allen Folgeerscheinungen wie Landerschließung, Trockenlegung von Feuchtgebieten, Wüstenbildung, Jagd, Fang und Handel macht sich immer stärker bemerkbar.

In der Gruppe der Kronenkraniche vor uns befindet sich nur ein einziger noch nicht ausgefärbter Jungvogel – und das, obwohl Kronenkraniche als einzige in der Familie drei, gelegentlich sogar vier Eier legen. »Ein schlechtes Zeichen, aber typisch für die letzten Jahre«, meint Yilma. Als die Vögel schließlich doch nach kurzem Anlauf auffliegen, um die Nahrungssuche auf einem anderen Feld fortzusetzen, sind wir von ihren hellen Rufen überrascht. Sie klingen so ganz anders als die rauhen Laute, die wir von den *Grus*-Arten gewohnt sind. Sie unterscheiden sich aber auch stark von den ebenfalls hohen Stimmen der Klunkerkraniche und Nonnenkraniche. Da die Luftröhre der hübschen Kronenkraniche nicht in so langen Windungen in der Brust liegt wie bei den übrigen Arten, kommen die Töne eher wie gepreßtes Quäken heraus. Die roten Hauttaschen an der Kehle wirken ein wenig wie Resonanzkörper.

Die dunkleren Sudanesischen Kronenkraniche sind mit einer Körpergröße von etwa 95 Zentimetern durchschnittlich etwas kleiner als ihre westlichen Verwandten, die einen Meter erreichen können. Damit bleiben die Schwarzen Kronenkraniche rund zehn Zentimeter hinter den Grauen Kronenkranichen (*Balearica regulorum*) zurück. Neben vielen anderen gemeinsamen körperlichen Merkmalen besitzen alle Kronenkraniche eine lange Greifzehe hinten am Fuß. Ihr verdanken sie, daß sie sich als einzige in der Familie in Baumkronen auf Äste setzen können, was sie besonders gerne zum Übernachten tun.

Hin und wieder sollen Kronenkraniche auch schon versucht haben, in einem verlassenen Greifvogelhorst zu brüten. Ob sie damit Erfolg hatten, ist nicht bekannt.

Grauer Kronenkranich *(Balearica regulorum)*: Seiner Schönheit wegen überall begehrt

Wie große bunte Bälle leuchten uns die beiden Vögel in der hier endlos erscheinenden Serengeti Tansanias schon von weitem entgegen. Die Grauen Kronenkraniche sind leichter zu entdecken als manche Antilope oder gar ein Löwenrudel. Wer unbestritten als der farbenprächtigste in der Familie gilt, kann sich schlecht verstecken. Mit ihrem Gefieder, in dem verschiedene Grautöne, zweierlei Brauntöne, Weiß, Schwarz und Goldgelb miteinander harmonieren und mit den weißroten Hautpartien an Kopf und Hals stechen sie nicht nur alle anderen Kraniche aus, sondern auch die übrigen großen Schreit- und Stelzvögel. Man könnte meinen, dieses Kranichpaar sei sich dessen bewußt. Mitten in der weiten Wildbahn des ostafrikanischen Nationalparks läßt es sich aus einer Entfernung von rund 50 Metern aus dem Geländewagen bewundern, ohne das leiseste Zeichen von Nervosität zu zeigen. Ja, die beiden Vögel lassen sich nicht einmal dabei stören, ausgiebig mit Flattersprüngen und Duettrufen um-

einander zu werben. Ihre Stimmen sind tiefer als die der Schwarzen Kronenkraniche und haben ihnen in afrikanischen Stammessprachen verschiedene lautmalerische Bezeichnungen eingebracht, zum Beispiel *Ma-hem*. Bei ihren Duettrufen strecken sie nicht wie die *Grus*-Arten Hals und Kopf in die Höhe, sondern wiegen ihre Häupter mit den goldgelben Federkronen im Gleichklang hin und her. Damit machen sie ein wenig wett, daß sie nicht wie die anderen Arten lange Armschwingen als Schmuckfedern besitzen, die sie als Blickfang spreizen könnten. Erst in den achtziger Jahren des 20. Jahrhunderts sorgten neue Erkenntnisse von Zoologen und Verhaltensforschern dafür, daß der Graue Kronenkranich als eigene Art anerkannt wurde (bis dahin waren Schwarze und Graue Kronenkraniche in einer Art zusammengefaßt gewesen). Ergebnisse von DNA-Analysen und vergleichender Verhaltensforschung führten dazu, daß seitdem der Graue Kronenkranich mit den beiden Unterarten *Balearica regulorum regulorum* (Südlicher Grauer Kronenkranich) und *Balearica regulorum gibbericeps* (Östlicher Grauer Kronenkranich) getrennt vom Schwarzen Kronenkranich geführt wird. Damit war die Kranichfamilie von vierzehn auf fünfzehn Mitglieder gewachsen. Doch die Zahl der nur durch Umverteilung neu hinzugekommenen Mitglieder ist ebenfalls seit Jahrzehnten rückläufig: Die Population des Südlichen Grauen Kronenkranichs ist in seinen Heimatländern Südafrika und Simbabwe auf 8000 bis 12 000 Tiere geschrumpft, und vom Östlichen Grauen Kronenkranich leben in seinem Hauptverbreitungsgebiet von Sambia und Malawi im Süden bis Kenia, Uganda und Zaire im Norden nach jüngsten Schätzungen noch zwischen 50 000 und 65 000 Vögel.
Die beiden Östlichen Grauen Kronenkraniche vor uns, die sich am Rand einer ausgedehnten feuchten

Bevor das Paar Südliche Graue Kronen-kraniche auffliegt, verständigen sich beide Vögel untereinander mit kurzen »honk-honk«-Rufen, die sie auch nach dem Start noch erklingen lassen (Hlati-kulu Crane & Wetland Sanctuary bei Mooi River, Südafrika).

Senke in Nachbarschaft einiger Riedböcke sichtlich wohlfühlen, bereiten sich allem Anschein nach auf die Brut vor. Einer der Vögel – Hahn und Henne sind äußerlich schwer zu unterscheiden – geht auf seinen für Kranichverhältnisse kurzen Beinen tiefer hinein in den mittelhohen Gras- und Binsenbewuchs. An mehreren Stellen senkt er eine Zeitlang den Kopf, so als prüfe er den Untergrund und halte Ausschau nach einem geeigneten Platz für die große Nest-plattform. Hier im Nationalpark hat das Paar gute Chancen, sein Gelege 28 bis 31 Tage lang bebrüten zu können, ohne dabei von Menschen gestört zu werden. Die Altvögel werden ihre Jungen nach dem Schlüpfen wachsam durch die Savannenlandschaft führen. Mit ihren kurzen kompakten Schnäbeln picken sie kleine Tiere auf und streifen Samen von den Gräsern. Um Insekten besser entdecken zu können, stampfen Kronenkraniche von Zeit zu Zeit auf den Boden und veranlassen dadurch ihre Beute, bei der Flucht ihr Versteck oder ihre Tarnung aufzu-geben. Außerhalb von Schutzgebieten haben es die farbenprächtigen Grauen Kronenkraniche immer schwerer, ihre Eier erfolgreich auszubrüten und ihre Jungen – insbesondere vor Menschen – so lange versteckt zu halten, bis sie im Alter von 60 bis 100 Tagen flügge sind. Vor allem von der Nahrungs-menge hängt es ab, wieviel Zeit vom Schlüpfen bis zur Flugfähigkeit vergeht.

Die Vögel sind eine begehrte Handelsware. Beson-ders Kinder und Jugendliche verdienen sich etwas Geld, indem sie Nester ausnehmen, Jungkraniche fangen und Eier und Junge an Händler verkaufen. (siehe dazu Seite 218 ff.). Da hilft es nur selten, daß die »Königsvögel« bei manchen Stämmen als hei-lig gelten. Das schützt sie auch nicht vor anderen Gefahren: Wenn sich etwa im südafrikanischen KwaZulu-Natal, wo nicht zuletzt dank intensiver Zu-sammenarbeit zwischen Naturschützern und vielen Farmern eine der größten Populationen des Süd-lichen Grauen Kronenkranichs lebt, außerhalb der Brutzeit Hunderte von Vögeln auf frisch bestellten Feldern an den eingesäten Getreidekörnern güt-lich tun, kann ein einziger Giftanschlag eines Land-besitzers nicht wieder gutzumachenden Schaden anrichten.

Kronenkraniche legen meistens drei, gelegentlich sogar vier fast weiße Eier. Auch darin unterscheiden sie sich von den anderen Kranicharten, deren Weibchen nur ein bis zwei braun oder grünlich gefärbte und stark gespren-kelte Eier legen (Steenkampsberg/ Mpumalanga, Südafrika).

RECHTE SEITE
Kronenkraniche – auf dem Bild ein Paar Östlicher Grauer Kronenkraniche – wagen sich bei ihrer täglichen Nah-rungssuche in der Savanne auch an große Tiere ganz nahe heran; hier sind es ruhende Kaffernbüffel (Ngorongoro-Krater, Tansania).

nächste am Himmel. Während der folgenden eineinhalb Stunden herrscht aus allen Richtungen
intensiver Flugbetrieb zum Wasser. Schließlich stehen mehr als 4000 Jungfernkraniche und etwa
50 Graue Kraniche dicht gedrängt auf der Sandbank.
Die meisten trinken nach der Landung erst einmal,
danach ordnen und reinigen sie ihr Gefieder und
ruhen sich schließlich aus. Einige setzen sich dazu
auf den Sand, andere stellen sich auf ein Bein.
Sie alle sind aus einem Umkreis von bis zu 30 Kilometern, vielleicht auch aus noch größerer Entfernung von den Feldern hierher geflogen, um für einige
Stunden eine Pause einzulegen. Bereits im Morgengrauen sind sie vom See aufgebrochen und werden am Nachmittag noch einmal starten. Am Abend
kehren sie erneut zurück, um im flachen Wasser
die Nacht zu verbringen.

Auch in der großen Schar wirkt jeder einzelne Jungfernkranich zierlich und elegant. So habe ich Jahre
zuvor ein Paar aus nächster Nähe im Xianghai-
Naturschutzgebiet in der nordostchinesischen Provinz Jilin am Brutplatz erlebt: Zwei weiße Federbü-
schel am schwarzen Kopf, aus dem die rotbraunen
Augen leuchten, und eine schwarze Federschürze,
die vor der Brust herabhängt, kontrastieren mit dem
silbergrauen Gefieder. Die verlängerten Armschwingen über dem Schwanz runden den 90 Zentimeter
langen Körper mit weichem Schwung ab.

Bei schlechten Lichtverhältnissen sind Jungfernkraniche im Flug trotz ihrer geringeren Größe leicht
mit Grauen Kranichen zu verwechseln, zumal
sie in gleicher Formation fliegen. In aerodynamisch
günstiger Keilanordnung meistern sie in kurzer
Zeit die langen Strecken von ihren Brutgebieten, die
vor allem in den Steppengebieten zwischen dem
Schwarzen Meer und der Mandschurei liegen, zu
ihren Winterquartieren in Afrika (Sudan, Äthiopien
und Tschad) und in weiten Teilen Indiens. Wenn

Jungfernkranich (Anthropoides virgo): Klein, elegant und anspruchslos

Daß die kleinsten unter den Kranichen so laut
sein können! Der ganze Himmel scheint von ihren
Rufen erfüllt zu sein, doch wir können sie noch
nicht sehen. Wir sitzen in der Nähe eines Stausees
am Rande des Kleinen Runn von Kutch, einer
periodisch überfluteten Salzhalbwüste im nordwest-
indischen Bundesstaat Gujarat, und warten auf
die Rückkehr der Jungfernkraniche: Die Vögel
kündigen ihr Kommen aus großer Entfernung und
Höhe an und sorgen somit für eine akustische Ein-
führung zu einem grandiosen Naturschauspiel,
das sich hier und an einigen anderen, meist künstlich
angestauten Wasserflächen jeden Vormittag zwischen Mitte November und Anfang März wiederholt.
Kaum ist der erste Trupp mit hängenden Beinen
und angewinkelten Flügeln gelandet, meldet sich der

Ein Jungfernkranich über seinem Gelege, kurz bevor er sich zum Weiterbrüten niederlassen wird. Die beiden Eier liegen gut getarnt in einer flachen Mulde im Gras (Xianghai Naturreservat/Provinz Jilin, China).

Jungfernkraniche steuern aus großer Höhe mit abgewinkelten Flügeln und hängenden Beinen im Sinkflug ein Gewässer an (Kleiner Runn von Kutch/Gujarat, Indien).

der Monsun günstige Voraussetzungen geschaffen hat, kommen in manchen Jahren über die Hälfte des Gesamtbestandes von 200 000 bis 300 000 Jungfernkranichen zum Überwintern nach Gujarat. (Zur besonderen Raststätte für Jungfernkraniche in der Wüste Thar im benachbarten Rajasthan siehe Seite 215 f.).

Bis ins 19. Jahrhundert brüteten Jungfernkraniche noch in größerer Zahl in Südosteuropa; im 18. Jahrhundert waren sie sogar in Spanien zu Hause. Eine kleine Brutpopulation in Nordwestafrika ist erst

im 20. Jahrhundert erloschen, und in der Türkei sollen noch 30 bis 50 der Kraniche als Brutvögel überlebt haben. Aus Bulgarien und Rumänien sind die Jungfernkraniche verschwunden, in der Ukraine sind noch Restbestände vorhanden. Aber auch in ihren Hauptlebensräumen in der Kalmückischen Steppe, in Kasachstan, in der Mongolei und in Nordostchina ist die Art rückläufig. In manchen Gegenden versuchen die Tiere, sich auf die Veränderungen der Landschaft durch den Menschen einzustellen: Wo die Grassteppen vom Hausvieh überweidet sind,

Stauseen haben vor allem dann eine große Anziehungskraft für viele Vögel, wenn ihr Wasserstand niedrig ist. Nach den Grauen Kranichen haben die Jungfernkraniche die längsten Beine von allen, die sich hier neben Pelikanen und Löfflern versammeln (Kleiner Runn von Kutch/Gujarat, Indien).

bleibt für die Kraniche zu wenig Nahrung oder die Gelege werden zertreten. Und wo die Steppen in Felder umgewandelt wurden, brüten sie in Getreideschlägen – meist mit wenig Erfolg. Wie bei den Paradieskranichen in Südafrika kann dort nur ein Naturschutzmanagement zu besseren Brutergebnissen verhelfen. Das gilt auch für die Sicherheit entlang der Zugwege. Alljährlich werden Tausende von Jungfernkranichen in Afghanistan, Pakistan und im Sudan geschossen und gefangen; aber auch in ihren Brutländern werden sie mancherorts ver-

folgt und ihre Nester ausgenommen. Dabei könnten die Jungfernkraniche so erfolgreich sein, denn sie sind anspruchslos. Ihre zwei schön gefärbten Eier legen sie auf den blanken Boden. Wasser sollte nicht weiter als ein Kilometer vom Nistplatz entfernt sein. Nur knapp vier Wochen dauert die Brutzeit, und die Jungen sind in weniger als zwei Monaten flügge. Das alles waren noch vor hundert Jahren beste Voraussetzungen, um mit wahrscheinlich mehr als einer Million Exemplaren ihrer Art auf drei Kontinenten leben zu können.

Paradieskranich *(Anthropoides paradisea)*: Die *Blues* gedeihen mit der Landwirtschaft

Einhundert Kilometer östlich von Kapstadt erlebt der Nationalvogel Südafrikas derzeit ein grandioses Comeback und ist damit vorerst dem zeitweise drohenden Artentod entkommen. Bis etwa 1990 war es mit dem Paradieskranich rapide abwärts gegangen. Von über 50 000 *Blue Cranes*, die noch um 1960 zwischen dem Nördlichen Transvaal und Kap Agulhas im Süden gelebt hatten, waren 30 Jahre später nur mehr 15 000 bis 20 000 übriggeblieben. Großflächige Aufforstungen von Grasland mit schnellwüchsigen fremdländischen Nadel- und Eukalyptusbäumen zur Holzgewinnung und die Umwandlung von Weideland und *Fynbos*-Gebieten (das sind Landstriche in der Westlichen Kap-Provinz, ehemals auf einer Fläche von 70 000 Quadratkilometern, die mit besonders artenreichen Pflanzengesellschaften bewachsen sind) zu Mais- und Weizenfeldern hatten in kurzer Zeit den Lebensraum der südafrikanischen Popula-

tion der Paradieskraniche einschneidend verändert. Die Vögel reagierten mit der Aufgabe ihrer Brutgebiete; es gab immer weniger Nachwuchs.

Wenn die Paradieskraniche sich bis zum Jahr 2006 wieder auf eine Zahl von gut 25 000 vermehrt haben, so liegt das an ihrem Anpassungsvermögen und am Erfolg eines eigens für sie entworfenen Schutzprogramms. Wer wie wir Ende Mai, im südafrikanischen Herbst also, einige Tage im Overberg nördlich der imaginären Trennungslinie zwischen Atlantischem und Indischem Ozean durch die weite

Die langen und die kürzeren Schmuckfedern an den Armschwingen sind
besonders gut zu erkennen, wenn der
Paradieskranich seine Flügel ausbreitet und dabei im Gegenlicht seine
ganze Schönheit zur Schau stellt (bei
Caledon/Western Cape Province,
Südafrika).

Landschaft fährt, kann die schönen blaugrauen
Vögel gar nicht übersehen. Überall beobachten wir
Gruppen von bis zu 30 Tieren oder Paare mit einem
oder zwei flüggen Jungen auf den Feldern bei der
Nahrungssuche. Immer wieder flattern und springen
einige in die Höhe. Dabei kommen besonders jene
Federn zur Geltung, denen die Vögel in erster Linie
das Attribut *paradisea* in ihrem lateinischen Namen
verdanken: die langen, bis zum Boden reichenden
Armschwingen. Viele Kraniche stehen in der Nähe
von *dams*, den von den Farmern alle paar Kilometer

ausgehobenen Wasserreservoirs. Sie versorgen
die Kraniche nicht nur mit Trinkwasser sondern sind
auch ihr Nachtquartier. Später im Winter können die
Trupps auf über 300 Vögel anwachsen. Sie ziehen
großräumig in der Region umher, sind aber keine
Zugvögel.
Doch die Vögel, die jede südafrikanische Fünf-Cent-
Münze schmücken, sind in dieser Region des West-
kaps nicht nur wegen der Wasserstellen so zahlreich, denn Paradieskraniche sind wie ihre nächsten
Verwandten, die Jungfernkraniche, längst nicht so

sehr vom Wasser abhängig wie die anderen Arten. Sie nisten meist auf dem Trockenen und sind trotz oder gerade wegen ihrer guten Tarnung zahlreichen Gefahren ausgesetzt. Die vielen Jungen hier im Overberg, die sich jetzt noch von den Altvögeln durch die fehlende weiße Kopfplatte und die kürzeren Armschwingen unterscheiden, zeigen, daß die Paradieskraniche in dieser landwirtschaftlich geprägten Gegend erfolgreich brüten. Zu danken ist das in erster Linie der Overberg Crane Group, einer Abteilung der South African Crane Working Group, die sich seit 1995 unter dem Dach der nationalen Naturschutzorganisation Endangered Wildlife Trust um das Schicksal aller drei südafrikanischen Kranicharten kümmert.

Im Overberg und dem angrenzenden Swartland haben sich die Kranichschützer in ihrer Arbeit von Anfang an auf die 100 Zentimeter großen Paradies-

kraniche konzentriert. Sie haben schnell erkannt, daß sie nur in Zusammenarbeit mit den Farmern etwas erreichen können. Das weiß niemand besser als Wicus Leeuwner, der Vorsitzende der Overberg Kranichgruppe, selbst Farmer und nebenher ein erfolgreicher Fotograf. Er hat sogar seinem Besitz den Namen Blue Crane Farm gegeben. Ihm und seinen Mitstreitern ist es gelungen, viele Farmer und deren Arbeiter für das Bündnis zu gewinnen. Da die Paradieskraniche ihre Eier immer häufiger auf Getreideäcker und Schafweiden legten, ging es nicht wie sonst darum, die Nester geheimzuhalten. Im Gegenteil: Wer die Felder mit Maschinen befährt oder Vieh auftreibt, muß wissen, wo die Vögel flach auf den Boden gedrückt brüten. Nur so kann er sie schonen. Weil mittlerweile Tausende von Menschen von der Idee begeistert sind, das Image des Overbergs als Blue Crane Land weiter zu entwickeln, und weil

UNTEN

Während einer der Paradieskraniche das Gelege wärmt, hält sein Partner ganz in der Nähe des Nestes Wache. Die Vögel finden immer weniger weiträumige Graslandschaften zum Brüten und weichen daher auf Getreidefelder aus – in der westlichen Kap-Provinz mit Erfolg (Steenkampsberg/ Mpumalanga, Südafrika).

OBEN
Wenn mehrere Paradieskraniche zusammenstehen, dauert es nicht lange, bis einer der Vögel mit Flattersprüngen die anderen »zum Tanzen auffordert« (Overberg/Western Cape Province, Südafrika).

FOLGENDE DOPPELSEITE
Von März bis August, im südafrikanischen Herbst und Winter, schließen sich die Paradieskraniche zu großen Flügen (Gruppen) von mitunter einigen hundert Vögeln zusammen. Dann können sie bei längerem Aufenthalt auf einem frisch bestellten Getreidefeld schon einigen Schaden anrichten (Overberg/Western Cape Province, Südafrika).

besonders eifrige Farmarbeiter manchmal mit kleinen Prämien belohnt werden, wächst die Zahl der Paradieskraniche weiter und sie können sich sogar ausbreiten. In sechs anderen Provinzen haben sich ähnliche Gruppen gebildet, etwa das Karoo Blue Crane Education Programme, die KwaZulu-Natal Crane Foundation, die Highlands Crane Group oder das Kwande Crane Conservation Programme.

Doch den Stanley-Kranichen, wie sie früher auch häufig genannt wurden, ist nicht allein mit der Schonung ihrer Brutplätze gedient. Wenn die Küken nach einer Brutzeit von 30 bis 33 Tagen schlüpfen, brauchen sie anfangs eine insekten- und samenreiche Vegetation, nicht aber eine »totgespritzte« Monokultur. Nur eine extensiv betriebene Landwirtschaft, wie sie im Overberg auf den Tausende von Hektar großen Farmen vorherrscht, kann – neben der ursprünglichen Natur – derartige Lebensvoraussetzungen bieten. Richten die Vögel ihre Nester in der Nähe von Siedlungen ein, dürfen keine Hunde frei herumlaufen. Junge Paradieskraniche werden

nämlich mit drei bis fünf Monaten erst spät flügge und bleiben somit lange Zeit eine leichte Beute für Bodenfeinde. Auf den riesigen Äckern haben die Altvögel die Lage aber meistens unter Kontrolle – ebenfalls ein Grund für die hohe Nachwuchsrate. Doch die Feldwirtschaft hat auch ihre Nachteile: Mancher Paradieskranich verwickelt sich mit den Beinen in liegengebliebenem Bindegarn und kann in dieser Fesselung zugrundegehen. Und immer noch kommen Kraniche in anderen Landesteilen durch ausgestreutes Giftgetreide um.

Der Erfolg im Overberg darf nicht darüber hinweg täuschen, daß die Blauen Kraniche aus weiten Teilen ihres früheren Verbreitungsgebietes im Norden Südafrikas verschwunden sind. Und die kleine isolierte Population von 60 bis 80 Vögeln in der Etoschapfanne Namibias, neben wenigen Vögeln im Grenzbereich Swazilands die einzigen Paradieskraniche außerhalb der Südafrikanischen Republik, kann sich mangels geeigneten Lebensraums nicht weiter entwickeln.

Klunkerkranich *(Bugeranus caruculatus)*: Zu wenige Junge geben Anlaß zur Sorge

Sie sind vor dem Dickicht aus Papyrus und Palmen trotz der großen Entfernung auch mit bloßem Auge nicht zu übersehen. Mit dem Fernglas holen wir die exotisch wirkenden Gestalten in greifbare Nähe. Ihr grau-schwarz-weißes Gefieder und die roten Schnabelwülste heben sich in der Morgensonne vor der grünen Kulisse deutlich ab. Auch ihre von der Kehle herabbaumelnden, weiß befiederten Hautlappen mit der nackten roten Vorderseite, denen sie ihren Namen verdanken, sind gut zu erkennen. Mit ihren 120 bis etwa 150 Zentimetern sind sie nach den Saruskranichen die zweitgrößten in der Kranich-Familie, mehr als doppelt so groß wie die in ihrer Nähe stehenden Seidenreiher: Elf Klunkerkraniche in einer Gruppe zu sehen, ist der

bisherige Rekord während unseres Aufenthaltes im Herzen des Okavango-Deltas. Und er soll es auch bleiben. Auf unserer vierten, dieses Mal zweiwöchigen Erkundung der 22 000 Quadratkilometer großen Wildnis im größten binnenländischen Flußmündungsgebiet der Erde haben wir dank der Ranger von Wilderness Safaris fast jeden Tag *Wattled Cranes* gesehen. Doch meistens schritten sie paarweise gravitätisch über die noch vor kurzem überschwemmten Flächen; jetzt ist das Wasser der jährlichen Überschwemmungen so weit abgelaufen oder verdunstet, daß sie dort stehen und nach Nahrung suchen können.

Diese Gruppe müsse gestern abend oder heute am frühen Morgen hier gelandet sein, meint unser Fahrer und Führer. So viele habe er schon lange nicht mehr auf seinen täglichen Rundfahrten gesehen. Dabei bestehen hier im Norden Botswanas weit bessere Chancen als anderswo, die seltenste der vier in Afrika brütenden Kranicharten in größerer Zahl in einer vom Menschen noch unveränderten Naturlandschaft anzutreffen. Zwar brüten im Okavango-Delta auch den Winter über einige Dutzend Paare, doch die meisten kommen außerhalb der Brutzeit hierher, wenn in ihrer angrenzenden Heimat im zentralen Bereich des südlichen Afrika die Wasser- und Vegetationsverhältnisse nicht optimal sind. Unter den rund 50 Klunkerkranichen, die wir in den zwei Wochen beobachten konnten, war nicht ein einziger Jungvogel. Das sei leider keine Besonderheit, sagen uns später südafrikanische Kranichschützer. Ob in Mosambiks Sambesi-Delta, in den Kafue Flats Sambias, in den Überschwemmungsgebieten des äthiopischen Hochlandes oder im südafrikanischen KwaZulu-Natal: Die Nachwuchsrate der Klunkerkraniche, deren Gesamtbestand nur mehr 7000 bis 8000 Vögel beträgt, ist überall in ihrem ursprünglich weit ausgedehnten Verbreitungsgebiet

Klunkerkraniche teilen sich ihren
Lebensraum häufig mit Litschi-Moor-
antilopen; die Tiere haben keinerlei
Scheu voreinander (Okawango-Delta,
Nähe Jao Camp, Botswana).

In Äthiopien lebt eine kleine Population von Klunkerkranichen, die vom
Hauptvorkommen der Art im südlichen
Afrika isoliert ist und sich seit Jahrzehnten nicht vergrößert (Boyo, gut
200 Kilometer südlich von Addis Abeba,
Äthiopien).

besorgniserregend gering. Einst kamen sie in Feuchtgebieten fast flächendeckend vor; heute schrumpft
ihr Bestand immer stärker auf wenige inselartige
Regionen zusammen. In der Südafrikanischen Republik gibt es so wenige Klunkerkraniche, daß die
Kranichschützer in dem großen Land über jeden
Vogel und seinen Familienstand genauestens Buch
führen. So können sie jederzeit Auskunft über die
Zahl geben: 2004 waren es 235 Klunkerkraniche –
eine zwar äußerst niedrige, aber dank intensiver
Schutzmaßnahmen der letzten Jahre ziemlich sta-
bile Zahl.

Zwar sind es in erster Linie die Menschen, die den
Lebensraum der Kraniche verändern und damit verantwortlich für ihre prekäre Lage sind, doch auch
Eigenheiten der Vögel tragen ein gut Teil dazu bei.
Klunkerkraniche haben die geringste Nachwuchsrate in der gesamten Kranich-Familie. Sie lassen
sich in jeder Beziehung viel Zeit. Viele verpaaren
sich erst im Alter von sieben Jahren. Wenn ein Paar
ein ihm zusagendes Revier in einem Sumpf oder
Überschwemmungsgebiet gefunden und darin sein
großes Nest aus Wasserpflanzen, Schilf und Gras
gebaut hat, legt das Weibchen ein oder zwei Eier.
Beide Partner brüten im Wechsel 33 bis 40 Tage lang –
länger als jede andere Kranichart. Sobald ein Junges geschlüpft ist, verlassen die Altvögel mit ihm
das Nest, selbst wenn ein zweites Küken sein be-
vorstehendes Schlüpfen schon mit Pieplauten durch
die Eischale ankündigt. Es findet keine Beachtung
und muß zugrunde gehen. Das zweite Ei dient nur
als Reserve, falls eines nicht befruchtet ist. In vielen
Nestern liegt indes von vornherein nur ein Ei. Zwischen drei und viereinhalb Monaten dauert es, bis
ein junger Klunkerkranich fliegen kann. In dieser
langen Zeit kann viel passieren. Da die Vögel überwiegend im Winter und in Südafrika bis zu einer
Höhe von 2000 Metern brüten, kann es sogar vorkommen, daß ein Küken erfriert.

Neben Beutegreifern aller Art fallen junge Klunkerkraniche nicht selten Feuern zum Opfer, die teils
durch Blitzschlag entstehen, oft aber auch auf Brand-
stiftung zurückgehen. Und schließlich verunglücken
immer wieder Jungvögel besonders häufig in den
ersten Wochen nach dem Fliegenlernen an Über-

landleitungen. Wenn alles gut geht, bleibt das Junge fünfzehn Monate und länger mit seinen Eltern zusammen. So kommt es, daß erfolgreiche Paare nur alle zwei Jahre brüten. Die nicht brütenden Vögel schließen sich mitunter zu Trupps von einigen Dutzenden zusammen. In solchen Scharen, in denen die sonst eher schweigsamen Vögel mit ihren hoch und hell klingenden Rufen untereinander Kontakt halten, fallen sie im südafrikanischen KwaZulu-Natal zur Nahrungssuche auf Saaten oder abgeernteten Maisfeldern ein. Mehr als ein Viertel der gesamten dortigen Population ist dann versammelt; entsprechend verheerend könnte sich ein Giftanschlag auswirken.

Die Spezialisten der South African Crane Working Group setzen alles daran, derartige Katastrophen, wie sie früher vorgekommen sind, zu verhindern. Überall im Land haben sie kooperative Farmer mit Urkunde und Hinweisschildern an den Farmgrenzen zu *Crane Custodians*, zu Kranichwächtern, ernannt. Darüber hinaus versuchen sie seit einigen Jahren, die kleine südafrikanische Population der Klunkerkraniche durch eine besondere Maßnahme zu stärken: Aus Nestern mit zwei Eiern entnehmen sie das zweite Ei und lassen das Küken im Brutschrank schlüpfen. Natürlich vergewissern sie sich zuvor, daß auch wirklich beide Eier befruchtet sind, oder sie warten sicherheitshalber das Schlüpfen des ersten Jungen ab. Die Jungen werden ohne direkten Kontakt zum Menschen aufgezogen und in der Nähe freilebender Artgenossen ausgewildert. Wichtig ist unter anderem, daß die Jungkraniche lernen, ihre bevorzugte Nahrung, die Knollen bestimmter Riedgräser mit dem wissenschaftlichen Familiennamen *Eleocharis*, mit ihrem kräftigen Schnabel aus dem nassen Boden auszugraben.

In einem kleinen zugewachsenen Wasserreservoir, das der Eigentümer eigens für die seit Jahren hier brütenden Klunkerkraniche in natürlichem Zustand beläßt, wacht der Hahn darüber, daß seine brütende Henne nicht gestört wird (bei Fort Nottingham/ KwaZulu-Natal, Südafrika).

VORHERGEHENDE DOPPELSEITE
Nach einem längeren Flug ruhen sich
diese Klunkerkraniche erst einmal
aus und widmen sich der Pflege ihres
Gefieders (Okawango-Delta, Nähe
Mombo Camp, Botswana).

Der Nonnen- oder Schneekranich
(*Grus leucogeranus*): Ein großer Plan für
die Wiedergeburt der westsibirischen
Populationen

Schneekranich und Klunkerkranich sind sich in
mancherlei Hinsicht ähnlich, wenngleich beide Arten
weit voneinander entfernt leben. Sie müssen miteinander enger verwandt sein als mit den anderen
Kranichen. Auf den ersten Blick käme mir das nicht
in den Sinn, als ich bis über die Knöchel im Schlamm
vor einem Trupp von gut 180 Schneekranichen im
Gebiet des Poyang-Sees in der ostchinesischen
Provinz Jiangxi stehe. Auch aus einer Entfernung
von mehreren hundert Metern leuchtet das Gefieder
der Vögel strahlend weiß zu meinen Begleitern
und mir herüber. Nur wenige knapp neun Monate
alte Junge unterbrechen mit ihrem bräunlichen
Gefieder das weiße Band, das die in der Nähe einiger

Schwanengänse dicht nebeneinander stehenden
Altvögel bilden.
Wenn einer der Vögel seine Flügel ausbreitet,
werden seine schwarzen Handschwingen sichtbar;
bei zusammengefaltetem Flügel bleiben sie vollständig unter den weißen Oberflügeldecken verborgen. Ihrer makellos weißen Erscheinung verdanken
die Vögel den heute gebräuchlicheren deutschen
Namen Schneekranich. Aber auch die roten Beine
und die Gesichtsmaske aus roter Haut, die sich
von der Schnabelwurzel bis hinter die hellgelben
Augen über die vordere Hälfte des ansonsten weiß
befiederten Kopfes zieht, sind von weitem gut zu
erkennen. Diese Maske hat zu der Bezeichnung
Nonnenkranich geführt, die mitunter Verwirrung
stiftet, weil es auch noch den Mönchskranich gibt.
Der englische Name *Siberian Crane* für den Nonnenkranich gibt weniger Anlaß zu Verwechslungen.
Dieser Name setzt sich in entsprechender Über-
setzung in immer mehr Sprachen durch.
Die hohen Stimmen der Schneekraniche, die aus
der Ferne an das Geschnatter von Gänsen oder an
die Laute von Flamingos erinnern, ähneln den Rufen
der Klunkerkraniche, und mit einer Körperlänge
von 120 bis 140 Zentimetern sind die Schneekraniche
auch etwa genauso groß. Beide Arten haben lange
Schnäbel, mit denen sie aus dem Boden flacher
Gewässer Wurzeln und Knollen ausgraben. Beide
Arten ziehen nur ein Junges groß, wenngleich die
Schneekraniche dazu weniger Zeit brauchen:
29 bis 31 Tage dauert ihre Brutzeit, und spätestens
zweieinhalb Monate nach dem Schlüpfen sind die
Jungen flügge. Die *Sibes* müssen sich beeilen, denn
die meisten brüten nördlich des Polarkreises. Zwar
scheint die Sonne im Sommer vierundzwanzig Stunden am Tag, doch der Sommer ist nur kurz. Schnee
und Eis schmelzen erst Anfang Juni, und im September gibt es schon die ersten Fröste.

Die Seen sind noch zugefroren, wenn
die Schneekraniche in der Tundra nahe
dem Eismeer ihr Brutrevier erkunden.
Sie haben nicht viel mehr als drei
Monate, dann müssen sie sich mit den
Jungen auf den Zug nach Süden be-
geben (Kytalyk Naturreservat/Allaikha
Ulus [Distrikt], Jakutien-Rußland).

FOLGENDE DOPPELSEITE
Zwei winzige weiße Punkte in der
unendlichen Tundra-Landschaft – das
ist der erste Hinweis für den Beobachter im Hubschrauber auf das Territorium eines Schneekranichpaares
(Kytalyk Naturreservat/Allaikha Ulus
[Distrikt], Jakutien-Rußland).

Wenn die Schneekraniche im Frühjahr nach einem
Flug von mehr als 5000 Kilometern (Umwege und
Zwischenaufenthalte in Feuchtgebieten nicht ein-
gerechnet) im arktischen Teil der russischen Teilrepublik Sakha (Jakutien) ankommen, müssen
sie sich in den ersten Wochen von Beeren des letzten Herbstes ernähren, die sie in der baumlosen
Strauchtundra finden. Gerät ihnen ein vorwitziger
Lemming vor den Schnabel, verschmähen sie auch
den nicht. Später greifen sie sich neben den Klein-
säugern und Insekten gerne einen Fisch oder einen
Lurch, wenn das vegetarische Angebot nicht aus-
reicht. Lassen Frühling und Sommer zu lange auf
sich warten, kann eine Jahresbrut ausfallen.
Kytalyk heißt der Schneekranich auf jakutisch, und
so heißt auch das 1,6 Millionen Hektar große Schutz-

gebiet, das die jakutische Regierung südlich der
Ostsibirischen See zwischen den Flüssen Indigirka
und Kolyma 1997 mit Hilfe des WWF eingerichtet
hat. Hier leben etwa 800 der rund 3000 Schneekraniche, die als östliche Population fast ausschließ-
lich im Norden Jakutiens brüten und ausnahmslos in
China im Einzugsbreich des Jangtse, des »Vaters
aller Flüsse«, überwintern. Bevor 1980 chinesische
Naturforscher die Winterquartiere der Schneekraniche im Seengebiet des Poyang-Beckens entdeckten, war so gut wie nichts von dieser östlichen
Population bekannt. Bis dahin glaubten alle Kranichexperten, daß es nur noch einige hundert Schneekraniche gebe: eine zentrale Population, deren
rund 200 Vögel um 1965 im Gebiet des heutigen
Keoladeo Nationalparks im indischen Rajasthan

überwinterte, und eine westliche Population, deren wenige Dutzend Vögel aus den Sumpfgebieten östlich des Urals an die Südspitze des Kaspischen Meeres in Iran zogen. Heute überwintert kein Schneekranich mehr im Keoladeo Nationalpark; die zentrale Population, die einst am Unterlauf des Ob und am Kunovat gebrütet hat, scheint ausgerottet zu sein – von Jägern aus Rußland, Kasachstan, Usbekistan, Turkmenistan, vor allem aber aus Afghanistan und Pakistan. Diese Länder mußten die Kraniche auf ihrem gut 5000 Kilometer langen Flug nach Nordindien überqueren. Nicht viel besser ist es der westlichen Population ergangen, die etwa 600 Kilometer weiter südlich brütete: Im Winter 2005/06 wurden in Iran noch ganze zwei Schneekraniche gezählt. Ihnen wurde ein im Kranichbrutzentrum des Oka-Naturschutzgebietes (Oka Biosphere State Nature Reserve) bei Moskau aufgezogener und ausgewilderter Schneekranich zugesellt, der sich einem der Wildvögel anschloß und im Frühjahr mit ihm wegzog.

Neben intensiven Bemühungen, die jakutischen Brutgebiete, vor allem aber die chinesischen Überwinterungsgebiete sowie die wichtigen »Trittsteine« für ungestörte Rastzeiten auf dem Zug abzusichern, ist vor kurzem ein gewaltiges Projekt angelaufen, das Schneekraniche in ihren früheren Brutgebieten östlich des Urals wieder ansiedeln soll. Das Ziel ist es, eine selbständig überlebende Population aufzubauen, die wieder die alten oder neue gesicherte Zugwege und Winterquartiere benutzt. Das United Nations Environment Programme (UNEP) hat mit Hilfe der Global Environment Facility (GEF) 10 Millionen Dollar bereitgestellt, und die teilnehmenden Länder und Organisationen haben weitere 12 Millionen Dollar zugesagt, um ein Netzwerk von Feuchtgebieten und Zugwegen zum Schutz des Schneekranichs und anderer ziehender Wasservögel in

Asien aufzubauen. Für dieses auf mehr als zehn Jahre angelegte Projekt unter der Federführung der International Crane Foundation hat das Bonner UNEP-Büro für die »Konvention zum Schutz ziehender Arten von wildlebenden Tieren« (CMS = Convention on the Conservation of Migratory Species of Wild Animals) mit den elf Anrainerstaaten ein »Memorandum of Understanding« abgeschlossen. Im Herbst 2006 sollen – vergleichbar dem amerikanischen Projekt mit den Schreikranichen – junge, in Gefangenschaft, aber ohne unmittelbaren Kontakt zu Menschen aufgezogene Schneekraniche von Leichtflugzeugen von Westsibirien aus in die Überwinterungsgebiete oder in Zwischenrastgebiete geleitet werden, wo sie sich – so erwarten es die Kranichschützer – den wilden Artgenossen anschließen. Schon in den vergangenen Jahren wurden im Oka-Reservat aufgezogene Schneekraniche an Rastplätzen der letzten freilebenden weiblichen Artgenossen und Grauer Kraniche ausgewildert. Sie sollen in Gesellschaft weiterziehen und zurückkehren, werden hoffentlich in den folgenden Wintern eigenständiges Zugverhalten zeigen und sich einige Jahre später paaren und brüten. Eine der wichtigsten Voraussetzungen für das Funktionieren dieses anspruchsvollen Plans ist die Aufklärung der Menschen entlang der Zugwege und deren Überwachung. Dafür muß viel geschehen.

Erst 1980 wurde das Haupt-Überwinterungsgebiet der Schneekraniche am unteren Lauf des Jangtse entdeckt. Die Seen- und Überschwemmungslandschaft wurde daraufhin von den chinesischen Behörden teilweise unter Schutz gestellt, doch die kontinuierliche Vermehrung der Bevölkerung macht den vier hier überwinternden Kranicharten und zahllosen anderen Vogelarten das Leben zunehmend schwerer (Poyang Naturreservat/Provinz Jiangxi, China).

schütteln ihr Gefieder, schlagen mit den Flügeln und gehen unruhig hin und her; immer öfter sind ihre tiefen rauhen Rufe zu hören.

Noch bevor die ersten Sonnenstrahlen die Pappeln am Flußufer erreichen, beginnt der große Aufbruch zu den Wiesen, Weiden und abgeernteten Maisfeldern im Umkreis von etwa 30 Kilometern. Obwohl sich die graubraunen Vögel fortlaufend trupp- und familienweise in die Luft schwingen, dauert es über eine halbe Stunde, bis das Flußbett, abgesehen von etwa zwei Dutzend Nachzüglern, geräumt ist. Am Abend kehren alle wieder an den Fluß zurück. In wenigen Tagen aber werden sie in großen Keilen nach Norden zu ihren Brutgebieten aufbrechen.

Seit Menschengedenken nutzen die Kanadakraniche (und einige Schreikraniche) im Frühjahr den Platte River einige Wochen lang als Raststation. Naturschützer müssen immer wieder darum kämpfen, daß dem stark zugesetzten »Kranichfluß« nicht das letzte Wasser entzogen wird. An diesem etwa 60 Kilometer langen Flußabschnitt zwischen den Städten Grand Island und Kearney unweit des Interstate Highways Nr. 80 findet alljährlich zwischen Ende Februar und Anfang April die größte Kranichversammlung der Welt statt. Drei der insgesamt sechs Unterarten von *Grus canadensis* sind Zugvögel, und diese drei kommen hier auf engstem Raum zusammen.

»Versuch mal, die drei Unterarten der *Sandhill Cranes* zu erkennen«, hatten mir die amerikanischen Kranichfreunde in unserem Versteck am Platte River zugeflüstert und lächelnd hinzugefügt, sie wären nicht sicher, ob sie selbst es schaffen würden. Aber wenn überhaupt irgendwo in freier Wildbahn, dann wäre hier die beste Möglichkeit dazu. Unter den mehr als 400 000 Kranichen, die hier in jedem Frühjahr Station machen, überwiegen die

Kanadakranich *(Grus canadensis)*: In sechs Unterarten weit verbreitet

Der Unterschied könnte nicht größer sein. Vor zwei Tagen noch – es ist jetzt Ende März – haben wir mehrere Paare des Großen Kanadakranichs *(Grus canadensis tabida – Greater sandhill crane)* auf unserer gemächlichen Fahrt durch einige Schutzgebiete im Bundesstaat Wisconsin in ihren Brutgebieten beobachtet: Gestenreich haben die Paare umeinander gebalzt und dabei darauf geachtet, daß die Grenzen ihrer Territorien nur ja nicht von anderen Kranichen überflogen oder überschritten werden. Heute haben wir knapp tausend Kilometer weiter südwestlich am Platte River in Nebraska vor dem ersten Morgenlicht ein *blind*, ein Versteck, des Platte River Trusts bezogen und sehen jetzt kurz vor Sonnenaufgang 200 Meter vor uns im Flußbett mehrere tausend Kanadakraniche dicht gedrängt beieinanderstehen. Von Abgrenzung gegeneinander wie in den Brutgebieten ist hier nichts zu spüren. Die Vögel haben auf Sandbänken und im flachen Wasser die Nacht verbracht und bereiten sich jetzt, kurz vor Sonnenaufgang, auf den Abflug vor: Sie

Ein Paar Große Kanadakraniche hält auch im Herbst noch sein Revier besetzt, obwohl es keine Jungen führt. Damit sichert es bis zum Wegzug seinen territorialen Anspruch gegenüber Art-genossen. Nach der Rückkehr aus dem Winterquartier wird es versuchen, hier schnellstmöglich wieder seßhaft zu werden (Necedah NWR/ Wisconsin, USA).

Kleinen Kanadakraniche *(Grus canadensis canadensis – Lesser Sandhill Crane)* mit rund 90 Prozent. Die *Little Browns*, wie sie gelegentlich zur Unterscheidung von den anderen genannt werden, heben sich mit ihrem bräunlichen Gefieder und ihren gerade mal 90 Zentimetern Körpergröße deutlich von den 20 Zentimeter größeren und eher grau gefärbten *Greater Sandhills* (Große Kanadakraniche) und den *Canadian Sandhills (Grus canadensis rowani* – Kanadakranich) ab. Der *Canadian Sandhill*, der in der Größe zwischen dem großen und dem kleinen Verwandten liegt, ist aus einer Vermischung dieser beiden Unterarten hervorgegangen und wird nicht von allen Zoologen als selbständige Unterart anerkannt. Weil manche *Canadians* mehr den Kleinen, die anderen mehr den Großen Kanadakranichen ähneln, sind sie schwer zu erkennen. Und da sie weder auf dem Zug, noch in ihren Winterquartieren in den USA, noch in ihren Brutgebieten, die vorwiegend in Zentral- und Nordwestkanada liegen, auf Artentrennung achten, gibt es auch keine genauen Angaben über ihre Verbreitungsgrenzen und ihre Zahl. Ihre Brutgebiete liegen in etwa zwischen denen der Großen Kanadakraniche, die im Norden der USA und im Süden Kanadas brüten, und denen der Kleinen Kanadakraniche, die in der Arktis Kanadas, Alaskas und Sibiriens nisten.

Die Zahl der Kleinen Kanadakraniche gibt die International Crane Foundation für das Jahr 2006 mit 450 000 Vögeln an. Diejenigen unter ihnen, die zweimal im Jahr zwischen dem Lena-Delta in Sibirien und dem Norden Mexikos, dem südlichen New Mexico und Texas hin- und herziehen, bleibt nicht viel Zeit zum Brüten und Großziehen ihrer Jungen. Wenn ihre Sprößlinge sich drei Monate nach dem Schlüpfen in der Tundra auf den bis zu 8000 Kilometer langen Flug machen, sehen sie noch wie große Küken aus. Alle Nahrung, die sie unter der Mitternachtssonne zu sich genommen haben, ist zunächst in den Aufbau der Flugmuskulatur investiert worden. Da haben es die 65 000 bis 75 000 Großen Kanadakraniche einfacher, denn sie müssen nicht so weit ziehen. Sie werden in vier Populationen aufgeteilt: zwei westliche mit Schwerpunkt in den Rocky Mountains und Winterquartieren in Kalifornien, New

Mexico und Texas; eine mittlere *Prairie Population* mit Winterquartieren in Texas; und eine östliche *Great Lake Population*, die im wesentlichen im mittleren Florida überwintert. Im Norden der USA haben sie sich in den letzten fünfzig Jahren dank intensiver Schutzmaßnahmen wieder gut vermehrt, gelten als nicht mehr gefährdet, werden aber nicht bejagt wie die Kleinen Kanadakraniche (siehe Seite 218 f.). Die drei ganzjährig standorttreuen Unterarten sind der Florida-Kranich *(Grus canadensis pratensis)*, ähnlich gewachsen wie der Große Kanadakranich und in seinem Bestand von rund 4000 Vögeln von Zentral-Florida bis ins südliche Georgia stabil; der

kleinere Mississippi-Kranich *(Grus canadensis pulla)*, der mit 130 Vögeln fast nur im eigens für ihn eingerichteten rund 6000 Hektar großen Mississippi Sandhill Crane National Wildlife Refuge frei lebt, ist am stärksten bedroht und wird durch Auswilderungen unterstützt; der Kuba-Kranich *(Grus canadensis nesiotes)* hält seit geraumer Zeit seinen Bestand von etwa 300 Vögeln mit Hilfe von Schutzmaßnahmen vor allem auf der Isla de Piños, aber auch an einigen Orten der kubanischen Hauptinsel und auf wenigen kleinen Nebeninseln aufrecht.

Für diese Saruskraniche gehören buddhistische Heiligtümer zum täglichen Anblick. Sie leben als wilde Vögel in dem gut 100 Hektar großen Lumbini Crane Sanctuary und damit in unmittelbarer Nähe eines viel besuchten Wallfahrtsortes in Nepal. Wären alle Menschen buddhistische Mönche, könnten die Saruskraniche wie andere Tiere ein vom Menschen unbehelligtes Leben führen. Da dem aber nicht so ist, haben die Bestände der größten aller flugfähigen Vögel auf dem indischen Subkontinent schwere Einbußen erlitten. Die Vogelschutzorganisation Birdlife International stellte 2001 fest, daß heute bestenfalls zehn, sehr wahrscheinlich fünf, vielleicht aber auch nur noch zweieinhalb Prozent der Gesamtpopulation von Saruskranichen existieren, verglichen mit derjenigen, die im Jahr 1850 ermittelt wurden.

Rajendra Suwal ist mit uns von Kathmandu zum mutmaßlichen Geburtsort Buddhas gefahren, um uns das Gebiet mit der höchsten Dichte von Saruskranichen in Nepal zu zeigen. In einem Gebiet von 150 Quadratkilometern, fünf Autostunden südwestlich der nepalesischen Hauptstadt, leben hier rund 100 der Vögel – wahrscheinlich mehr als die Hälfte des gesamten Bestandes im Land. Durchschnittlich 15 Paare brüten jedes Jahr in der von Getreide- und Reisfeldern geprägten Landschaft, zwei davon regelmäßig im Schutzgebiet. Der junge Biologe Suwal ist stolz darauf, daß er und seine Mitarbeiter in ihrer jahrelangen, von der International Crane Foundation unterstützten Arbeit viele Bauern davon überzeugen konnten, daß sie die Saruskraniche auf ihren Feldern gewähren lassen. Das ist umso bemerkenswerter, als viele Bewohner dieser fruchtbaren Region aus dem nahen Indien zugewandert und keine Buddhisten sind. Aber auch die Hindus passen hier auf ihre Kraniche auf: Als ich mein langes Teleobjektiv in der Nähe eines Dorfes auf ein Saruskranichpaar mit

Saruskranich (Grus antigone): Reisfelder sind unsichere Orte zum Brüten

Der Rahmen könnte nicht angemessener sein für den größten aller Kraniche. Die beiden Altvögel sehen mit ihrem silbergrauen Gefieder, den fast weißen, über dem Schwanz zusammengelegten Armschwingen, mit ihren leuchtend roten Hautpartien an Kopf und Hals sowie mit ihren rosafarbenen Beinen hochelegant aus. Erst nach einigen Minuten machen wir eine erfreuliche Entdeckung: Das Männchen, mit seinen fast 180 Zentimetern Körperhöhe ein besonders großes Exemplar, und sein etwas kleineres Weibchen führen zwei knapp vierwöchige, braun gefiederte Junge durchs hohe Gras. Darauf hatten wir jetzt, Mitte November, insgeheim gehofft. Saruskraniche brüten während der Monsunzeit und bleiben mit ihren ein bis zwei Jungen, die nach drei Monaten zu fliegen lernen, länger als ein Jahr zusammen. Während vor uns alle vier Familienmitglieder Insekten vom Boden und den Grashalmen aufpicken, wandern sie zwischen zwei weit auseinanderstehenden Tempeln hindurch, als sei dies der ihnen zustehende Rahmen. Und in der Tat:

Der junge Saruskranich scheint größer zu sein als seine Eltern. Das liegt bei dem bereits flugfähigen Jungvogel am Verhältnis der langen Beine zum noch nicht ganz ausgewachsenen Körper. Mindestens ein knappes Jahr lang wird er von den Altvögeln betreut (in der Nähe von Lumbini bei Bhairawa, Nepal).

einem schon flüggen Jungen richte, kommen mehrere Bewohner besorgt angelaufen, weil sie befürchten, ich wolle die Vögel schießen.

Der Name Saruskranich geht übrigens auf ein Sanskrit-Wort zurück und bedeutet »zum Wasser gehörig«. Wie Carl von Linné bei der wissenschaftlichen Namensgebung indessen auf die griechische Heldin Antigone gekommen ist, bleibt sein Geheimnis. Daraus leitete sich ein früher gebräuchlicher deutscher Name ab: Antigone-Kranich. Wegen eines hellen Streifens am Hals unterhalb der roten Hautpartie wurde der Vogel auch Halsband-Kranich genannt. Neben dem indischen Assam ist Nepal der nördlichste Teil des Verbreitungsgebietes von *Grus antigone antigone*, dem Indischen Saruskranich. Er ist

die größte von drei Unterarten, kann über acht Kilogramm schwer werden und war einst über weite Teile Nordindiens bis ins heutige Bangladesch und Pakistan verbreitet. Auf nur mehr 8000 bis 10 000 Vögel wird sein lückenhafter Bestand heute geschätzt. Im Süden reicht sein Verbreitungsgebiet bis in den östlichen Teil des Bundesstaates Maharashtra in der Nähe der Stadt Chandrapur, in der Mitte des Subkontinents. In größerer, wenngleich in den letzten 20 Jahren stark geschrumpfter Zahl ist der Indische Saruskranich in Rajasthan und Gujarat anzutreffen. Etwa ein Drittel der Gesamtpopulation lebt in Uttar Pradesh.

Weil natürliche Feuchtgebiete immer seltener werden, brüten die Paare überall zur Monsunzeit mit Vor-

LINKS
Saruskraniche ziehen außerhalb der Brutzeit gerne in kleinen Verbänden zwischen geeigneten Rastgebieten hin und her. Auch in der Luft geben die großen Vögel ein eindrucksvolles Bild ab (bei Rajkot/Gujarat, Indien).

liebe in Reisfeldern. Saruskraniche bauen große Bodennester und treten an ihrem Brutplatz in größerem Umkreis Pflanzen nieder; deshalb sind Bauern nicht gut auf sie zu sprechen. Zwar betrachten viele Landbewohner die Vögel als heilig und töten sie daher nicht, doch sie nehmen ihre Nester aus oder zerstören sie. Zudem geht mancher Saruskranich an Gift zugrunde, das die Bauern gegen Nagetiere ausstreuen: Da die Vögel Allesfresser sind, greifen sie sich mit ihrem langen Schnabel auch vergiftete Mäuse und junge Ratten und sterben nach deren Verzehr. In den letzten Jahren haben indische Naturschützer dank wesentlicher Initiative von Gopi Sundar damit begonnen, Schutzprogramme für die Art einzuleiten.

Der Östliche oder Burmesische Saruskranich *(Grus antigone sharpii)*, kleiner und mit dunklerem Gefieder als der Indische Saruskranich, wird auf einen Bestand von nur noch 1000 Vögeln geschätzt und ist hoch bedroht. Er war früher bis nach Yunnan in China verbreitet, ist aber heute zur Brutzeit auf nur noch wenige Gebiete in Myanmar (Birma), Laos und Kambodscha beschränkt. Außerhalb der Brutzeit kommen einige hundert Vögel auch nach Vietnam ins Mekong-Delta, wo sie sich gerne im Tram Chim Nationalpark aufhalten. Dort schätzen sie, wie andere Kraniche auch, die Knollen von Gräsern der Gattung Eleocharis.

Die dritte Unterart, den Australischen Saruskranich *(Grus antigone gilli)*, haben Ornithologen erst 1966 als selbständige Art erkannt. Die Vögel – es gibt nur (noch?) rund 5000 davon – sind etwas kleiner und heller als die Östlichen Saruskraniche. Vor ihrer Entdeckung und Bestimmung als eigene Unterart hatten die Vogelkundler sie eine Zeitlang für australische Brolga-Kraniche, dann für Östliche Saruskraniche gehalten. Sie leben im Norden des Kontinents und halten sich, wenn sie sich nicht von Feldfrüchten ernähren, ebenfalls mit Vorliebe an die Knollen von Wassergräsern.

RECHTE SEITE
Beim Fressen und Trinken müssen sich die Saruskraniche tief verbeugen, denn in aufrechter Haltung messen die größten unter ihnen bis zu 180 Zentimeter. Sie überragen damit alle anderen flugfähigen Vögel um ein gutes Stück an Körperlänge (Keoladeo Ghana National Park/Rajasthan, Indien).

Krabben und allerlei anderes Getier finden. Hier werden sie nicht von Menschen gestört. An die niedrig fliegenden Flugzeuge haben sie sich längst gewöhnt. Hierher müsse ich reisen, so hatten mir international erfahrene Kranichfreunde geraten, wenn ich mit Sicherheit Australische Kraniche aus der Nähe sehen wolle.

Den Brolgas, wie die Australischen Kraniche in ihrer Heimat genannt werden (siehe Seite 180), muß man schon recht nah kommen, um sie von der zuvor beschriebenen australischen Unterart der Saruskraniche unterscheiden zu können. Mit einer Körperhöhe von bis zu 125 Zentimetern können sie zwar um etwa 20 Zentimeter kleiner sein als der Australische Saruskranich, die kleinste Unterart des Saruskranichs, doch ein hochgewachsenes Brolgamännchen bleibt hinter einem Sarusweibchen in der Größe kaum zurück. Auch in der Farbe ähneln sich beide Arten. Das perlgraue Gefieder des Brolga ist etwas heller. Sein Rumpf hingegen erscheint bei zusammengelegten Flügeln dunkler, denn seine Armschwingen sind nicht so hell wie die des Saruskranichs. Dunkel sind auch die Beine des Brolgas; der Saruskranich dagegen hat rote Beine. Am sichersten aber gibt sich der Brolga durch die Färbung seines Kopfes zu erkennen: Bei ihm ziehen sich die nackten roten Hautpartien nicht so weit den Hals hinab wie beim Saruskranich; auch sind die runden, grau befiederten Felder an beiden Kopfseiten und die graue Stirnplatte stärker ausgeprägt. Schließlich trägt er unterhalb der Kehle kleine rote Hautlappen, die beim Saruskranich fehlen. Die Stimme des Brolga klingt außerdem tiefer als die des Saruskranichs. Doch die vielen feinen Erkennungsmerkmale gehen bei Nachkommen von Altvögeln aus verschiedenen Arten leicht verloren. Es kommt gar nicht so selten vor, daß sich Angehörige beider Arten miteinander verpaaren.

Australischer Kranich oder Brolga
(Grus rubicundus): Lange Zeit wurde ihre Zahl überschätzt

Auch bei der fünften großen Verkehrsmaschine, die im Anflug auf die Landebahn in höchstens 80 Meter Höhe über uns hinwegdonnert, ziehen wir noch unwillkürlich die Köpfe ein. Die zehn Brolgas vor uns stört weder das Dröhnen der Düsentriebwerke noch die Luftwirbel, als das Flugzeug sie noch um einige Meter tiefer überfliegt. Sie stehen auf einer gemähten Fläche im Naturschutzgebiet der Stadt Townsville im australischen Queensland, keine 500 Meter von der Küste des Pazifik und weniger als 200 Meter vom Flughafengelände entfernt. Wie jedes Jahr bleiben mehrere Trupps Australischer Kraniche in der Trockenzeit einige Wochen hier, zwischen dem Brackwasser des Great Barrier Reef und dem Rollfeld. Hier haben sie alles, was sie brauchen: tagsüber Getreide, Reis und Sojabohnen, die die Naturschutzverwaltung eigens für sie und andere Tiere anbauen läßt, und nachts einen sicheren Platz zum Schlafen in den flachen Küstenlagunen, wo sie auch noch reichlich Schnecken,

RECHTE SEITE
Der Brutwechsel kann sich bei den Brolgakranichen in weniger als einer Minute vollziehen. Zumindest einige Paare brauchen dazu kein großes Zeremoniell. Während der abgelöste Partner gerade davongeht, sitzt der übernehmende Vogel bereits auf den Eiern (Serendip/Victoria, Australien).

In einem solchen Fall muß einer der beiden Partner Zugeständnisse machen. Brolgas nämlich bauen ihre Nester im offenen feuchten Gelände, Saruskraniche hingegen richten sich nicht ungern zwischen Bäumen und Büschen ein; allerdings muß auch ihr Nest von Wasser umspült sein. Die Brut fällt immer in die Regenzeit und dauert – je nach Häufigkeit der Unterbrechungen – zwischen vier und fünf Wochen. Bis zu hundert Tage lang müssen die Jungen ihren Eltern zu Fuß folgen, bevor sie fliegen können. Dann verlassen sie bald gemeinsam ihr Brutrevier und tun sich mit anderen Familien zusammen. Als »Strichvögel« ziehen sie in ihrem nord- und ostaustralischen Verbreitungsgebiet großräumig umher und scharen sich dabei mitunter zu mehre-

ren tausend zusammen. Solche großen Ansammlungen haben vor der Jahrtausendwende dazu geführt, den Gesamtbestand des Australischen Kranichs mit mehr als 100 000 Vögeln zu hoch einzuschätzen. Heute wird er auf 40 000 bis 50 000 veranschlagt. In dieser Zahl ist eine kleine Population im Süden Neu Guineas enthalten, außerdem eine schrumpfende Population aus 500 bis 1000 Brolgas, die im südaustralischen Bundesstaat Victoria leben. An ihrem Schicksal läßt sich erahnen, wie sich die Zukunft der Art entwickeln könnte.
Die Vögel in Victoria waren einmal Teil einer weit verbreiteten, zur Zeit der Besiedlung Australiens durch die Europäer nach Hunderttausenden zählenden Gesamtpopulation. Im Lauf der letzten 100 Jahre

Mit ihren langen Beinen nehmen die Brolgas einen gehörigen Anlauf, bevor sie vom Boden abheben. Innerhalb Australiens unternehmen die Vögel im Herbst und im Winter regionale Wanderungen von mehreren hundert Kilometern (Townsville/Queensland, Australien).

wurden die Brolgas in Victoria durch die Zerstörung der Feuchtgebiete entlang der Ostküste von der im Norden lebenden Hauptpopulation getrennt. Auch in Victoria selbst ging die großräumige Entwässerung für die Landwirtschaft weiter, so daß heute die Naturschützer um das Überleben der südlichen Brolgas bangen. Aber auch im Norden haben es die Kraniche nicht leicht: Da sie sich gerne an den Viehtränken sammeln und ihre Nahrung auf Feldern suchen, wenn ihnen nicht mehr genügend Knollen der wilden Bulkuru-Pflanzen *(Eleocharis dulcis)* bleiben, sind viele Farmer nicht gut auf sie zu sprechen. Und wo viele Zäune das Land durchziehen, deren unterer Teil mit engem Drahtgeflecht gegen Kaninchen und Wildhunde abgedichtet ist, bleibt auch mancher Jungkranich auf der Strecke. Die Zeiten, als geschossene Brolgas in großer Zahl auf den Märkten angeboten wurden, sind aber glücklicherweise lange vorbei.

Weißnackenkranich (Grus vipio): Zur Brut suchen die Paare die Einsamkeit

Wo immer ich Weißnackenkraniche beobachtet habe, ob in ihren mandschurischen Brutgebieten in den endlosen Schilfflächen auf der russischen Seite des riesigen Chankasees nahe der Grenze zu China oder 700 Kilometer weiter westlich im chinesischen Naturschutzgebiet Zhalong bei Qiqihar, ob in ihren Überwinterungsgebieten am ostchinesischen Poyang-See oder auf der südjapanischen Insel Kyushu oder auch in einem Zoo oder Vogelpark: Jedes Mal wurde mir erneut die außergewöhnliche Schönheit der bis zu 140 Zentimeter großen Vögel bewußt. Das geht nicht nur mir so, wie ich durch Nachfragen bei anderen Kranichfreunden festgestellt habe. Trotz der auffälligen Gefiederzeichnung, die so ganz anders aussieht als die der übrigen Grus-Arten und trotz ihrer stattlichen Gestalt nehmen die Weißnackenkraniche den Betrachter nicht auf Anhieb so gefangen wie manche andere Kranicharten. Das liegt vielleicht daran, daß sie nicht ständig lauthals auf sich aufmerksam machen und sich in ihrem Brutrevier besonders heimlich ver-

halten. Und an den vielbesuchten Futterplätzen drängen sich meistens andere Arten in den Vordergrund. Doch hat man sich erst einmal auf die Weißnackenkraniche eingelassen, faszinieren sie einen genauso wie die übrigen Kraniche, wenn nicht sogar ein wenig mehr.

Seinen Namen trägt der Weißnackenkranich zu Recht. Von hinten betrachtet, könnte er auch Weißhals- oder Weißkopfkranich heißen, doch vorne zieht sich das dunkelgraue Gefieder an der Brust und an den Seiten bis zur Kehle hoch. Nur auf der hinteren Seite ist der Hals vom Rückenansatz aufwärts bis über die Kopfplatte weiß befiedert. Die roten Hautpartien, die andere Kranicharten auf dem Kopf tragen, leuchten beim Weißnackenkranich rund um die Augen. Die vielen feinen Abstufungen der verschiedenen Grautöne des Hauptgefieders und der Flügel kommen besonders stark zum Ausdruck, wenn die Vögel während der Balz und beim Duettrufen ihre dunklen Handschwingen abspreizen und die fast weißen Oberflügeldecken aufstellen. Kein anderer Kranich kann eine derartige Federschau präsentieren.

Eines der eindrucksvollsten Erlebnisse für die vielen Kranichbeobachter ist es, wenn bei den großen Ansammlungen auf Kyushu mehrere Weißnackenkraniche gleichzeitig »prahlen«. Mit zeitweilig über 3000 Vögeln (Zählung am 23. Dezember 2003 in der Region Izumi: 3069; am 7. Januar 2006: 2486) finden sich hier von November bis Februar die Hälfte aller Weißnackenkraniche zum Überwintern ein. Etwas weniger stellen sich am Poyang-See ein, einige hundert im Niemandsland zwischen Nord- und Südkorea. Einzelne Familien und kleine Gruppen beziehen wenige andere ostchinesische Winterquartiere. Wo ihnen kein Schutzgebiet mit genügend Nahrungsflächen und Ruhe vor Störungen zur Verfügung steht, verweilen sie nicht lange.

Dasselbe gilt für ihre Brutgebiete, die sich von der Region südlich des Baikalsees über die Mongolei, das Amur-Ussuri-Gebiet und die südliche Mandschurei bis in die Provinz Jilin hinziehen. Die Weißnackenkraniche legen zweimal im Jahr lange Strecken zwischen ihren Winterquartieren und Sommerrevieren zurück, wenngleich sie nicht zu den Rekordhaltern in ihrer Familie zählen. Wenn sie ab Ende März, weiter nördlich auch erst im April, in ihren Brutgebieten ankommen, legen die Paare Wert auf genügend Abstand zwischen sich. Die Nester sollen mehr als einen Kilometer voneinander entfernt liegen. Nur so machen sich die Familien keine Konkurrenz bei der Suche nach der vielseitigen pflanzlichen und tierischen Nahrung. Viele für die Brut geeignete Feuchtgebiete sind mittlerweile durch Eingriffe des Menschen so stark geschrumpft, daß ohnehin nur noch ein Paar mit seinen Jungen darin sein Auskommen findet. Vier bis fünf Paare in einem einzigen Schilfgebiet wie am Chankasee sind eine Ausnahme. Selbst wenn im Frühjahr die Bedingungen gut erscheinen, die Vögel ihr Nest bestens getarnt in hoher Vegetation bauen, das Weibchen zwei Eier legt und beide Partner brüten, ist das keine Garantie für eine erfolgreiche Aufzucht der Jungen. Oft brennen Bauern und Hirten im Frühjahr Schilf- und Grasflächen ab, um das Wachstum junger Pflanzen zu fördern. Dabei gehen viele Gelege verloren, und nicht selten verbrennen die Küken. In der Inneren Mongolei (China) und in der Mongolei, wo asiatische Kranichexperten einen Großteil der Brutplätze der Weißnackenkraniche vermuten, setzen auch die immer höheren Viehbestände und die damit einhergehende Überweidung den Vögeln zu. Deshalb haben die Behörden in den letzten Jahren einige Schutzgebiete eingerichtet, für die der Weißnackenkranich als *flagship species* dient. Das 103 000 Hektar große Dagurian-Reservat am Uldza-Fluß in der mongolischen Provinz Dornod, das zeitweise mit Mitteln des World Wide Fund for Nature (WWF) unterstützt wurde, ist Teil eines mongolisch-chinesischen Schutzgebiets, in dem die größte Brutpopulation von *Grus vipio* lebt.

OBEN

Mit aufgefächertem Gefieder und hochgereckten Hälsen stimmen zwei Weißnackenkraniche Duettrufe an. Dieses Zeremoniell kann sich mit Unterbrechungen über mehrere Minuten hinziehen und regt nicht selten Artgenossen an, sich ebenfalls lauthals zu äußern (Arasaki bei Izumi/Kyushu, Japan).

FOLGENDE DOPPELSEITE

Während der Brutzeit lassen die
Weißnackenkraniche ihr Gelege nur bei
der Ablösung oder beim Wenden
der Eier für kurze Zeit unbedeckt. Der
»übernehmende« Partner schiebt

die Eier zurecht, während der abgelöste Vogel beim Weggehen bereits mit
dem Schnabel im Wasser stochert
(Zhalong Naturreservat / Provinz Heilongjiang, China).

Mandschurenkranich *(Grus japonensis)*:
In Japan werden es mehr, in China und
Rußland immer weniger

Er ist ein wilder Vogel wie alle anderen, und doch
zeigt er keinerlei Scheu. Wir sind von den Mandschurenkranichen, die wir seit einigen Tagen beobachten, viel Vertrautheit gewohnt, doch dieser hier
ist so zutraulich wie kein anderer der rund 80 Artgenossen, die sich um die Mittagszeit auf dem
verschneiten Futterplatz in Akan auf der nordjapanischen Insel Hokkaido einfinden. Der gut 140 Zentimeter große weiße Vogel mit dem teils schwarz
befiederten Hals und Gesicht und dem leuchtend
roten »Scheitel« ist eine Schönheit. Gemessenen
Schrittes kommt er auf weniger als zehn Meter an
die Menschen heran, blickt sie minutenlang an und
geht dann zu den anderen Kranichen zurück. Wie
jeden Morgen im Winter sind mehrere Dutzend

Fotografen hinter der niedrigen Abgrenzung zum
Feld mit ihren langen Objektiven in Stellung gegangen. Sobald Kraniche vor ihnen landen oder abfliegen, erst recht aber, wenn zwei in Streit geraten
oder mehrere Vögel mit einigen Flattersprüngen
für Bewegung sorgen, rattern die Verschlüsse der
Kameras um die Wette. Es gleicht einer perfekten
Inszenierung, wenn die Vögel mit den weißen Hand-
und den schwarzen Armschwingen ihre spektakulä-
ren »Tänze« zum Besten geben und sich gegenseitig
zu immer ausgefalleneren Bewegungen animieren.
Ihrer Gestalt, ihrem Aussehen und ihrem reichhalti-
gen Repertoire an Gesten verdanken die Mandschurenkraniche ihren Ruf als »Spitzentänzer« innerhalb
der Kranichfamilie. Die verschneite Kulisse gibt
dem Ganzen einen Hauch von Theaterstimmung.
Die Darsteller beherrschen ihre Rollen meisterhaft.
Etwa 60 000 Menschen kommen jedes Jahr nach
Akan zu den Kranichen. Keiner der Vögel kümmert
sich um das Kommen und Gehen der vielen Besucher des nahen Akan International Crane Centre.
Sie scheinen zu wissen, daß ihnen hier nur Gutes
widerfährt. Morgens haben sie auf der Futterfläche
die ausgestreuten Maiskörner abgeräumt, und jetzt
warten sie auf die nächste Lieferung. Um Punkt
14 Uhr kommt ihr Betreuer mit dem Eimer und verteilt Fische in Heringsgröße. Jetzt müssen die Kraniche schnell sein, denn mehrere Seeadler warten
ebenfalls auf den Mann mit den Fischen. Doch in
einem Punkt sind die Kraniche den Adlern voraus:
Sie sind nicht scheu und lassen ihren »Versorger«
auf wenige Meter an sich herankommen; die Seeadler indes halten etwas mehr Abstand zu ihm,
bevor sie aus der Luft blitzschnell zugreifen.
Die Fütterung der Mandschurenkraniche an vier
Haupt- und einigen Nebenplätzen im Umfeld der
Kushiro Sümpfe, 50 bis 100 Kilometer von der Hafenstadt Kushiro entfernt, gehört zu den Erfolgsge-

Die beiden Mandschurenkraniche nutzen die wenigen Schilfhalme, die im Winter nicht abgemäht wurden, um hier ihr Nest zu bauen und zu brüten. Mit Duett- und Doppelrufen festigen sie immer wieder ihre Bindung zueinander (oberes Bild). Die frisch geschlüpften Jungen haben es nach dem Verlassen des Nestes nicht leicht, ihren Eltern durch die Vegetation zu folgen, zumal dann, wenn sie sich ihren Weg durch Schilfstoppeln bahnen müssen (unteres Bild). Aber die Altvögel haben Geduld mit ihrem Nachwuchs und sind sehr fürsorglich (Zhalong Naturreservat/ Provinz Heilongjiang, China).

schichten des Kranichschutzes. Anfang des 20. Jahrhunderts galten die eindrucksvollen Vögel in Japan als ausgerottet, was viele Japaner als Schande betrachteten, denn der *tancho* (Rotschopf) hat im Land der aufgehenden Sonne die Bedeutung eines Heiligtums. Als im Jahr 1952 ein besonders harter Winter auf Hokkaido herrschte, versammelten sich zur Überraschung einiger Landbewohner 33 Mandschurenkraniche in der Nähe des damals noch größeren Moorgebietes von Kushiro auf den tief verschneiten Feldern und suchten vergeblich nach Nahrung. Bauern und Schulkinder fütterten sie mit Reis und Getreide und sorgten so nicht nur für ihr Überleben, sondern auch für ein eindrucksvolles Comeback des japanischen Kranichs (so lautet sein wissenschaftlicher Name, und *Japanese crane* hieß er ursprünglich auch auf Englisch. Erst in jüngerer Zeit setzt sich im Englischen allmählich der Name *Red-crowned crane* durch). Die Restpopulation, die jahrzehntelang völlig unbemerkt in der seinerzeit kaum besiedelten Landschaft überlebt hatte, ist auf Hokkaido bis heute dank intensiver Schutzmaßnahmen zu einem Bestand von über 1000 Mandschurenkranichen angewachsen. (1972, bei einer ersten Zählung, waren es 53 gewesen. Die Zählung im Januar 2006 ergab 1101 Vögel, davon 122 Junge. Im Sommer 2005 zählten die Kranichschützer der Wild Bird Society of Japan 308 Brutpaare.) Alle Kraniche bleiben ganzjährig auf der japanischen Nordinsel, doch der Lebensraum, der ihnen dort zur Verfügung steht, wird immer kleiner. Im Winter, wenn die Vögel die Nächte in eisfreien flachen Flüssen verbringen, sind sie vollständig auf die Hilfe des Menschen angewiesen.

Auf dem ostasiatischen Festland leben nur mehr 1200 bis 1400 Mandschurenkraniche. Ihre russischen Brutgebiete liegen am Chanka-See, am Amur und Ussuri; in China brüten sie in den Provinzen Heilongjiang und Jilin sowie in der Autonomen Region Innere Mongolei; dort am Dali Nuo Er/Dalainor liegt auch der westlichste Brutplatz. Fast überall wurden sie auf wenige Schutzgebiete zurückgedrängt und leiden unter den gleichen Problemen, wie sie für die Weißnackenkraniche im vorausgehenden Kapitel beschrieben wurden. Auch zum Überwintern sind

Auf den verschneiten Feldern in Nordjapan, auf denen die Mandschurenkraniche gefüttert werden, vergehen nur selten mehrere Minuten, ohne daß mindestens zwei der großen weißen Vögel den vielen Besuchern eine »Tanzvorführung« bieten. Dabei zeigen die »Himmelsboten« eine große Variationsbreite in ihren Figuren und Bewegungen. Nicht selten aber endet das Knicksen, Springen und Flügelschlagen voreinander in einer wilden Verfolgungsjagd der beiden »Rotschopfe« (Akan/Hokkaido, Japan).

die »Vögel aus weißer Jade« (*Hsien-ho* auf chine-
sisch, *Ussuriskii zhuravl* auf russisch) auf Reservate
angewiesen, denn alle früher besuchten Winterquartiere sind vom Menschen besiedelt und werden
intensiv genutzt. So zieht der größte Teil der Mandschurenkraniche auf dem Festland ins gut 40 000
Hektar große Schutzgebiet Yancheng in der Provinz
Jiangsu, das 300 Kilometer nördlich von Shanghai
im Mündungsgebiet des Jangtse liegt. Weitere Trupps
überwintern in Nordkorea und in der Entmilitarisier-
ten Zone zwischen Nord- und Südkorea, einem
Schutzraum auf Zeit. Kleine Gruppen oder Familien
versuchen, Rastplätze an der chinesischen Küste
zu finden. Als Allesfresser sind sie nicht anspruchs-
voll, doch sie brauchen Wasser zum Übernachten
und Ruhe vor den Menschen, denn außerhalb Hokka-
idos sind die Kraniche längst nicht so vertraut und
reagieren weit empfindlicher auf Störungen; außerdem sind die Menschen den Vögeln anderswo

längst nicht so wohlgesonnen wie die Bewohner
Nordjapans.

Chinesische Naturschutzbehörden versuchen, im
Reservat Zhalong in Heilongjiang Mandschurenkraniche unter halbwilden Bedingungen nachzuzüch-
ten. Damit haben sie einigen Erfolg. Doch solange
die wenigen noch verbliebenen Naturlandschaften
nicht wirksam vor Entwässerung und landwirtschaft-
licher Erschließung bewahrt werden und die Wil-
derei einschließlich Eierdiebstahl nicht aufhört, wird
jede Auswilderung erfolglos bleiben. Währenddes-
sen wird die Zahl der Mandschurenkraniche auf
dem Festland weiter zurückgehen. Schon jetzt stehen sie an zweiter Stelle auf der Liste der gefährdeten Arten.

LINKS
Manche Mandschurenkraniche fliegen nicht zu den Futterflächen und bleiben auch im Winter ihrem Brutrevier
treu, sofern sie dort genügend Nahrung
finden. Die suchen sie dann überwiegend in Flüssen, die noch nicht zugefroren sind (bei Akan / Hokkaido, Japan).

RECHTS
Einer der Altvögel macht seinem noch
braunköpfigen Jungen vor, wie ein
hoher Imponiersprung aussieht – eine
Darbietung, die nur den Bruchteil einer
Sekunde dauert (Akan / Hokkaido,
Japan).

Schwarzhalskranich *(Grus nigricollis)*:
Manche Küken schlüpfen in 5000 Meter
hohen Gebirgstälern

Unentwegt stoßen die beiden Schwarzhalskraniche ihre Duettrufe aus, während sie mit erhobenen
Hälsen im Stechschritt dicht nebeneinander durchs
Wasser paradieren, als wollten sie ein Turnier gewinnen. Dabei sind sie ziemlich allein auf weiter
Flur hier im 4200 Meter hoch gelegenen Flußtal von
Longbaotan in der nordwestchinesischen Provinz
Qinghai nahe der Grenze zu Tibet. Außer dem Fotografen in seinem kleinen Tarnzelt schauen ihnen
nur einige Hausyaks und mehrere Schafe von ihren
nahen Weideflächen zu. Vor der imposanten Kulisse
eines über 5500 Meter hohen Gebirgszuges haben
die Kraniche Anfang Mai mit ihren Schnäbeln ver-
rottete Wasserpflanzen vom Grund eines flachen
Flußseitenarms heraufgeholt und in einiger Entfernung von den Ufern zu einem hohen Nest zusammengetragen. Am 8. Mai lag das erste, am 10. Mai das
zweite Ei im Nest. Jetzt, fast fünf Wochen später,
sind die beiden Vögel bei der Brutablösung aufge-
regter als sonst: Das Küken im zuerst gelegten Ei
hat die Schale angepickt und wird in den nächsten
24 Stunden schlüpfen. In wenigen Tagen werden
die Küken schwimmend ihren Eltern folgen, wenn
sie durchs kalte Wasser gehen, und die beiden
Altvögel werden sie mit Insekten, kleinen Fischen,
Krebsen, Schnecken und Kaulquappen füttern. Erst
wenn die Jungen halbwegs erwachsen sind, nehmen sie auch vegetarische Nahrung zu sich.
In dem 25 Kilometer langen und bis zu drei Kilometer breiten Tal brüten in Abständen von zwei bis
vier Kilometern weitere vier Paare. (Vor 40 Jahren
sollen es in Longbaotan noch 15 Paare gewesen
sein.) So ähnlich wie hier sehen auch andere Brutreviere aus: In einem riesigen Gebiet, das sich vom
nördlichen Zipfel der Provinz Sichuan über große

VORHERGEHENDE DOPPELSEITE
**Die Mandschurenkraniche wissen,
daß die Seeadler es nicht auf sie, sondern auf die Fische auf ihren Futterflächen abgesehen haben. Die Krähe
indes nimmt zu Recht vor dem großen
Greifvogel Reißaus, wenngleich er
sie nur als lästige Nahrungskonkurren-
tin verfolgt (Akan/Hokkaido, Japan).**

Nicht nur ihr Kopf und ihr Hals, sondern auch die Hand- und Armschwingen der Schwarzhalskraniche sind tief dunkel gefärbt; besonders im Flug ergeben sich dadurch schöne Kontraste zum übrigen hellen grau-braunen Gefieder (Cao Hai bei Weining/Provinz Guizhou, China).

Gebiete im Osten und Norden der Provinz Qinghai bis hinein nach Zentral-Tibet erstreckt, brütet jedes Jahr etwa die Hälfte der knapp 7000 Schwarzhalskraniche; manche von ihnen nisten sogar in Höhen von gut 5000 Metern.

Bei so abgelegenen Lebensräumen verwundert es nicht, daß die Art *Grus nigricollis* erst im Jahr 1876 von dem russischen Naturforscher Nikolaj Michajlowitsch Przewalski im Nordosten Tibets für die Wissenschaft entdeckt wurde. Und da der Norden Chinas jahrzehntelang überhaupt nicht zu bereisen war und es vor 1985 kaum Austausch mit den Naturschützern anderer Länder gab, war bis vor 20 Jahren wenig über Leben und Bestandszahlen der Schwarzhalskraniche bekannt. Erst um 1995 gab es dank einer mehrjährigen gemeinsamen Untersuchung von chinesischen Naturschützern und der International Crane Foundation Entwarnung: Bis dahin hatte man befürchtet, daß nicht einmal mehr 1000 »Schwarzhälse« überlebt haben könnten, die rund 20 Vögel im nordindischen Ladakh, dem einzigen Brutgebiet außerhalb Chinas und Tibets, eingeschlossen.

Zu gerne wüßte ich, ob ich dieses Paar, das hier so wild trompetet und von einem entfernten Nachbarpaar Antwort erhält, im Winter zuvor schon einmal gesehen habe, als ich gut 1000 Kilometer südöstlich von hier am 2200 Meter hoch gelegenen Cao Hai in der südwestchinesischen Provinz Guizhou rund 800 überwinternden Schwarzhalskranichen ganz nahe war. Oder hat dieses Paar vielleicht 700 Kilometer südlich von hier im Naturschutzgebiet von Napahai im Nordwesten der Provinz Yunnan überwintert? Es kann auch in Yunnan weiter östlich nahe der Grenze zu Guizhou Station gemacht haben. Oder es könnte sich in einem der Flußtäler des südlichen Tibet mit Artgenossen getroffen haben, die weiter nördlich in dem von China annektierten Land brüten. Oder hat es zu den rund 400 Schwarzhalskranichen gehört, die in jedem Herbst von Tibet nach Bhutan fliegen, um dort im Gebirgstal von Phobjikha und in zwei anderen Tälern den Winter zu verbringen? Höchstwahrscheinlich aber ziehen die Kraniche von Longbaotan und ihre Artgenossen aus den hoch gelegenen, vom Torfabbau bedrohten Moorgebieten von Ruoergai in Nord-Sichuan im

Herbst nach Yunnan oder in das Schutzgebiet rund um den See von Cao Hai, wo sie neben vielen anderen überwinternden Vögeln auch auf einige hundert Graue Kraniche treffen.

Eigentlich müßten Schwarzhalskraniche, die sich in einem so weiträumigen Verbreitungsgebiet an so unwirtliche Lebensräume und so harte Klimabedingungen angepaßt haben, doch sehr überlebenstüchtig sein, sollte man meinen. Doch auch für diese Art ändern sich die Lebensbedingungen rapide. Durch die massive Besiedlung Tibets mit Han-Chinesen werden die Täler immer stärker erschlossen und dichter bevölkert. Die landwirtschaftliche Praxis wandelt sich enorm: Statt wie die Tibeter im Herbst Gerste und Hafer zu ernten und die kleinen Felder bis zum Frühjahr ungepflügt und mit vielen Restkörnern liegen zu lassen, brechen die Neubürger die

Während der Brut in einem über 4000 Meter hoch gelegenen Gebirgstal leistet sich ein Schwarzhalskranichpaar ab und zu ein aufwendiges Ablösungszeremoniell. Dabei schreiten die Vögel im Wasser mit hochgereckten Hälsen im Stechschritt ganz dicht nebeneinander auf und ab, und ihre schmetternden Duettrufe hallen als vielfältiges Echo von den Bergwänden wider (links). Kurz danach sind sie wieder ganz still am Nest vereint, wie das obere Bild zeigt (Longbaotan bei Yushu/Provinz Qinghai, China).

Felder im Herbst um und bepflanzen sie mit Zwischenfrüchten, so daß die Kraniche nicht mehr »Nachlese« halten können. In anderen Regionen Chinas hat sich seit der Privatisierung der Landwirtschaft der Viehauftrieb in den Gebirgstälern vervielfacht. Die vielen Hufe reißen die Pflanzendecke auf, so daß Regen und Schnee ungehindert angreifen und das Erdreich abschwemmen können; die ständigen Störungen lassen die Kraniche nicht mehr ungestört brüten, und die streunenden Hirtenhunde sind eine große Gefahr für die noch flugunfähigen Jungkraniche. Auch in den Überwinterungsgebieten wächst der Druck der Bevölkerung auf die Landschaft.

Die International Crane Foundation hat am Cao Hai, einem der wichtigsten Winterquartiere, und in Yunnan gemeinsam mit den chinesischen Naturschutzbehörden Programme entwickelt, die den Kranichschutz erfolgreich mit der Armutsbekämpfung verknüpfen. Dazu gehören kleine Entwicklungsprojekte auf lokaler Ebene, verbesserte Schulbildung, Aufklärung und Initiativen zu einem nachhaltigen Kranichtourismus. Am Cao Hai profitieren bereits seit einigen Jahren Kraniche und Menschen vom *Trickle Up Program* (Hilfe zur Selbsthilfe in ländlichen Gemeinden durch Beratung und Bereitstellung kleiner zinsloser Kredite) aus den Vereinigten Staaten.

Kurz bevor die Schwarzhalskraniche in den ersten Apriltagen aus ihren südwestchinesischen Winterquartieren nach Norden aufbrechen, rufen sie besonders intensiv und häufig. Ihre »Zugunruhe« drückt sich außerdem in kurzen Rundflügen und vielen Flattersprüngen aus (Cao Hai bei Weining/ Provinz Guizhou, China).

Mönchskranich *(Grus monachus):*
Aus der sibirischen Taiga auf die
japanischen Reisfelder

Fünf volle Tage sind Yuri Shibnev und sein Cousin
Andrej kreuz und quer durch die ostsibirischen
Taiga-Hochmoore im Einzugsbereich des Bikin,
eines Nebenflusses des Ussuri, gestreift, bis sie in
der Ferne einen Mönchskranich mit gesenktem
Kopf zwischen niedrigen Lärchen und Strauchbir-
ken davonschleichen sehen. Da wissen sie, daß
sie endlich einen Brutplatz der unauffälligen schiefer-
grauen Vögel gefunden haben. Kurz darauf stehen
sie zwischen Torfmoos-Polstern (Bülten) vor dem
aus feuchtem Moos, Seggen (Sauergräsern), dünnen
Zweigen und Schilf aufgeschichteten Nesthügel,
in dem zwei große, länglich-ovale, grünbraune Eier
mit dunkelbraunen Sprenkeln liegen. Von dem Kranichpaar ist weit und breit nichts zu sehen; die

Vögel halten sich irgendwo zwischen den niedrigen
Bäumen und Sträuchern verborgen. Die beiden er-
fahrenen Naturkenner prägen sich den Platz ein, was
in der endlosen Weite der Bikin-Niederung nicht
ganz einfach ist. Einige abgestorbene Fichten in
etwa 200 Meter Entfernung müssen als Landschafts-
marken genügen. Dann machen sie sich auf den
dreistündigen Rückweg über den noch gefrorenen
Moorboden zum Ufer des Bikin-Seitenarms, in dem
ihr Boot mit dem Außenbordmotor liegt. Einen hal-
ben Tag später sind sie zurück in ihrem Heimatort
Verhni Pereval.

Eine Woche später, am 8. Mai, führen mich die beiden
auf vereisten, vom Schmelzwasser überschwemmten Wildwechseln zu dem Nest. Wir tragen Gummi-
stiefel, die über die Knie reichen. Über Moskau und
Chabarowsk bin ich in Begleitung der beiden be-
freundeten russischen Biologen Natascha und Konstantin fast 10 000 Kilometer zu Yuris betagten
Eltern in Verhni Pereval am Bikin im Primorskij-Di-
strikt gereist, und von dort sind wir gemeinsam in
die Wildnis aufgebrochen. (Yuri Shibnev ist einer der
besten Naturfotografen Rußlands, sein Vater Boris
ein landesweit bekannter Naturschützer.) Mehrere
Tage dauert es, bis wir mit aller Vorsicht das Be-
obachtungszelt aufgebaut und in kleinen Etappen
verschoben haben – natürlich mit Genehmigung
der Naturschutzbehörde. Schließlich sitze ich einem
brütenden Mönchskranich so nah gegenüber, daß
ich Männchen und Weibchen an der unterschiedlichen Größe der roten Kopfplatte erkennen kann.
Doch dieses Paar macht mir die Unterscheidung
auch sonst leicht; denn wenn sich die Partner
bei der Brut ablösen, was sie immer in einiger Entfernung vom Nest tun, zeigt sich ein auffälliger
Größenunterschied zwischen den beiden: Der Hahn
scheint fast um ein Fünftel größer zu sein als die
Henne.

Dieses Mönchskranichpaar ist mit
seinem Jungen im Herbst Tausende von
Kilometern aus dem Nordosten Rußlands über China und Korea bis in den
Süden Japans gezogen, um hier den
Winter zu verbringen. Die Vögel flie-
gen täglich einige Male zwischen den
Futterflächen, den angestauten Schlaf-
gewässern und den umliegenden Fel-
dern hin und her. (Arasaki bei Izumi/
Kyushu, Japan).

LINKS
Die beiden Eier zu Füßen des Mönchs-
kranichs sind auf dem Foto nicht zu übersehen; doch in einem mehrere Quadratkilometer großen Taiga-Moor zwischen
Amur und Ussuri in Ostsibirien ist das Nest
nur schwer zu finden (Einzugsgebiet des
Bikin/Primorskij-Bezirk, Rußland).

Mönchskraniche gehören mit 95 bis 110 Zentimetern Größe eher zu den kleinen Vertretern ihrer Sippe.
Ihren Namen verdanken sie der Färbung ihres Gefieders: Der weiße Hals und der weiße Kopf mit
der roten Kappe erinnern zusammen mit dem dun-
kelgrauen Gefieder des übrigen Körpers an eine
Mönchskutte. Erst im Mai 1974 ist es dem russischen Naturforscher Jurij Pukinski gelungen, erstmals ein Nest von Mönchskranichen zu entdecken
und für die Wissenschaft zu beschreiben. Ihr Brutgebiet, noch längst nicht erforscht oder fest um-
rissen, erstreckt sich über einen riesigen Raum Ost-
sibiriens mit einem Schwerpunkt nördlich des Amur
und Ussuri und in der endlosen Taiga Jakutiens.
Dort treffen Mönchskraniche mit Grauen Kranichen
zusammen, und immer wieder gibt es fruchtbare
Mischehen zwischen den beiden Arten. Ihre Nachkommen tauchen dann als Graue Mönchskraniche
mit recht hellem Gefieder in den Winterquartieren auf. Einige wenige Brutplätze gibt es im Nordosten Chinas; im Jahr 2003 brütete ein Mönchskranichpaar erfolgreich in den Xiaoxing'an Bergen
der mandschurischen Provinz Heilongjiang. Unver-
paarte Vögel streifen in Trupps bis an den Ob nach
Westsibirien.

Während der Brut und Aufzucht der Jungen, die
sich von Mitte April bis Ende Juli hinzieht, halten die
Paare eines Brutareals meistens mehrere Kilometer
Abstand voneinander. Das ist schon deshalb wichtig, weil jede Kranichfamilie ein weiträumiges Gebiet
ohne Konkurrenz der eigenen Art braucht, um die
Jungen satt zu bekommen. Gerade wenn die Vögel
aus dem Winterqartier zurückkehren, ist die Nahrung oft knapp. Dann liegt nicht selten noch Schnee
über den Permafrostböden der *Mari* (so heißen die
in den Gebirgstälern gelegenen Hochmoore in Sibirien), und die Tiere können lediglich mit ein paar
Trunkel- und Moosbeeren des letzten Jahres ihren
Hunger stillen. Erst später, wenn die Jungen versorgt werden müssen, finden sich auch Insekten,
Amphibien, kleine Fische und Säugetiere. Doch alles
in allem ernähren sich Mönchskraniche stärker
vegetarisch als die meisten ihrer Verwandten.
Junge Mönchskraniche wachsen, anders als die
Küken anderer Arten, friedlich miteinander auf. Auch
deshalb können viele Brutpaare zwei Junge großziehen. Erst wenn der Nachwuchs flügge ist, schließen sich die Familien wieder zu größeren Gruppen
zusammen und machen sich im September gemeinsam auf den Zug nach Süden. Ähnlich wie bei den
Grauen Kranichen in Europa, wenn auch nicht so
deutlich ausgeprägt, haben die Mönchskraniche zwei
Zugwege: Vögel, die östlich und nördlich des Baikalsees brüten oder als Nichtbrüter den Sommer dort
verbringen, ziehen über die östliche Mongolei und
China bis an den Jangtse, wo sie überwintern. Diese
Westliche Population wird mit 1400 Vögeln angegeben. Über 9000 Mönchskraniche fliegen über den
Osten Rußlands und Chinas nach Süden, überqueren Korea (wo etwa 200 von ihnen bleiben) und landen Ende Oktober/Anfang November im Westen der
südjapanischen Insel Kyushu. Und dort ändert sich
das Verhalten der Mönchskraniche schlagartig.

Wenn das Verhältnis zwischen alten und jungen Mönchskranichen im Winterquartier überall sieben zu zwei wäre, wie es auf diesem Bild der Fall ist, dann stünden die Chancen gut, daß der Bestand von *Grus monachus* weiter zunimmt wie in den vergangenen Jahren. Doch gibt es Jahre, in denen die Altvögel kaum Junge mit nach Japan bringen (bei Izumi/Kyushu, Japan).

Auf dem Zug sind sie noch scheu und halten großen Abstand zu Menschen. Doch kaum sind sie auf den angepachteten Reisfeldern von Arasaki gelandet, eine viertel Autostunde von der Stadt Izumi entfernt, verhalten sie sich wie die Hühner. Bis auf zwanzig Meter nähern sich die Kraniche in dicht gedrängter Schar den Besuchern. Die Kranichfreunde beobachten hinter den Absperrungen, wie die Vögel im Wettbewerb mit Hunderten von Weißnackenkranichen, Spießenten und Krähen das täglich ausgestreute Getreide aufpicken. Auch wenn die Mönchskraniche später am Tage in kleineren Trupps auf den Feldern in der Umgebung nach Nahrung suchen, sind sie längst nicht so scheu wie im Brutgebiet und auf dem Zug. Dieses zutrauliche Verhalten hält bis Anfang März an. In den letzten Wochen vor ihrem Abflug werden die Vögel nicht nur mit Körnern sondern auch noch mit frischen Sardinen gefüttert. Mit vielen Energiereserven machen sie sich schließlich auf den langen Flug nach Norden. Dank ihrer Fettdepots können sie die ersten mageren Tage im Brutrevier ganz gut überstehen und schon bald mit dem Eierlegen beginnen.

Die Zahlen beweisen, daß es den Mönchskranichen bei Izumi gefällt: Im Winter 2005/06 haben 10 027 von ihnen hier überwintert. Dreißig Jahre zuvor waren es erst knapp 3000, und vor 50 Jahren ganze 259. In dem Verhältnis, wie Izumi bei Mönchskranichen an Beliebtheit zunimmt, bleiben die Vögel in früher genutzten Winterquartieren aus, zum Beispiel auf der japanischen Hauptinsel Honshu. Ornithologen vermuten, daß der stetige Aufwärtstrend bei Izumi aber auch die Folge eines leichten Anstiegs des Gesamtbestandes ist. Die Ursache dafür sehen sie darin, daß es genügend erfolgreiche Brutpaare gibt: In vielen der letzten Jahre sind 13 bis 15 Prozent der überwinternden Mönchskraniche Jungvögel – mehr als bei den meisten anderen Kranicharten.

FOLGENDE DOPPELSEITE
Im dichten Gedränge am Futterplatz kommt es immer wieder mal (wie hier rechts im Bild) zu Meinungsverschiedenheiten zwischen zwei Mönchskranichen (Arasaki bei Izumi/Kyushu, Japan).

Schreikranich *(Grus americana)*:
Ein aufwendiges Programm zur Rettung
des amerikanischen *Whooper*

Trompeterschwäne, Pfeifschwäne, Kanadagänse,
Schneegänse und Enten verschiedener Art schwimmen überall umher. Am späten Vormittag des 1. April
herrscht bei herrlichem Sonnenschein gleichermaßen Aufbruch- wie Balzstimmung unter den vielen Wasservögeln, die sich auf den großen künstlich angelegten Seen aufhalten. Die einen machen
hier, im knapp 18 000 Hektar großen Necedah National Wildlife Refuge im US-Bundesstaat Wisconsin,
Station auf ihrem Weg von den südlichen Winterquartieren in die nördlichen Brutgebiete, andere
bleiben hier zum Brüten. Wir stehen mit dem Auto
auf einem der öffentlichen Wege und beobachten
das bunte Vogelleben, zu dem auch mehrere Paare
Große Kanadakraniche beitragen. So aufregend
das alles auch ist – insgeheim warten wir auf die
ganz besondere Begegnung. Der Wildbiologe Richard
King von der Verwaltung des Schutzgebiets hat sie
George Archibald von der International Crane Foundation und seinen deutschen Gästen in Aussicht

gestellt. Vor einer Stunde hat er zuletzt die Auf-
zeichnung der Funksignale von den Sendern einiger
aus Florida anfliegender Schreikraniche überprüft
und ist davon überzeugt, daß sich zwei von ihnen
kurz vor Necedah in der Luft befinden. Unsere
Skepsis, ob das so genau vorherzusagen sei, ist
eine halbe Stunde später vergangen: Am blauen
Himmel fliegen in großer Höhe zwei schneeweiße
Vögel mit schwarzen Handschwingen über uns
hinweg. Unsere Hoffnung, sie würden zu kreisen beginnen und schließlich landen, erfüllt sich leider
nicht. Mit gleichmäßigem Flügelschlag und gestreck-
ten Hälsen und Beinen ziehen sie geradeaus weiter.
Obwohl ich die seltensten aller Kraniche bereits
mehrfach in freier Wildbahn gesehen habe, gehört
diese kurze Beobachtung zu den bisher schönsten
Begegnungen. Denn sie ist – neben dem faszinie-
renden Anblick – eine Erfolgsbestätigung für eines
der größten Wiederansiedlungsprojekte von Wild-
tieren in der Geschichte der Vereinigten Staaten.
Von den 15 Kranicharten steht *Grus americana* an
oberster Stelle auf der Roten Liste. Zwischen 1938
und 1950 wurden in manchen Jahren weniger als
20 Schreikraniche in ihrem texanischen Winterquartier und in Louisiana gezählt. Wo die Vögel her-
kamen, die im 220 Quadratkilometer großen Aransas National Wildlife Refuge am Golf von Mexiko
überwinterten, war bis 1954 nicht bekannt. Erst in
jenem Jahr hatte eine jahrelange Suche Erfolg, und
eine Hubschrauberbesatzung entdeckte ihr Brutgebiet im nordwestkanadischen Wood Buffalo National Park, mit 45 000 Quadratkilometern eines der
größten und unzugänglichsten Naturschutzgebiete
der Erde.
Die Population, die ganzjährig in Louisiana lebte,
war schon durch illegale Bejagung und die Umwandlung der Naturlandschaft in Agrarflächen stark dezi-
miert worden. Der Restbestand fiel weitgehend

Nur selten bringt ein Schreikranichpaar zwei Junge mit ins Winterquartier. Im Sommer 2004 wurden ausnahmsweise mehrere Zwillingspaare im kanadischen Wood Buffalo National Park flügge. Ob ein oder zwei Junge: Die Eltern achten darauf, daß ihr Nachwuchs immer in ihrer Nähe bleibt (Aransas NWR/Texas, USA).

einem Wirbelsturm zum Opfer, und der letzte Vogel verschwand schließlich im Jahr 1950. Als dann auch noch jeden November weniger Schreikraniche im Winterquartier in Aransas landeten und zudem kaum Jungvögel darunter waren, schlugen die Naturschützer vereint Alarm.

Es würde ein ganzes Buch füllen, wollte man die vielen Bemühungen beschreiben, die der amtliche und private Naturschutz in Kanada und in den USA seit etwa 50 Jahren unternimmt, um den größten nordamerikanischen Vogel zu retten. Seit 1985 koordinieren die Mitglieder des International Whooping Crane Recovery Team die vielfältigen Initiativen. Durch einige spektakuläre Projekte zu seiner Rettung hat der *Whooper* inzwischen den Wappenvogel der Vereinigten Staaten, den Weißkopfseeadler, an Popularität übertroffen.

Die Arbeit der Kranichschützer konzentriert sich darauf, die bestehende sogenannte Aransas-Wood Buffalo Gruppe zu stärken und zu vermehren. Außerdem soll eine eigenständige Gruppe von nicht ziehenden Schreikranichen in Florida, später vielleicht ebenso in Louisiana aufgebaut werden (auch in Florida gab es vor langer Zeit eine Population nichtziehender Schreikraniche). Darüber hinaus soll mit Hilfe der 1999 gegründeten Whooping Crane Eastern Partnership (siehe Seite 206 f.) eine zweite ziehende Gruppe zwischen dem Brutgebiet in Wisconsin und dem Winterquartier in Florida begründet werden. Für das letztgenannte Projekt können die Kranichschützer Erfahrungen aus einem gescheiterten Versuch einbringen, mit dem sie zwischen 1975 und 1989 eine Gruppe von ziehenden Schreikranichen in den Rocky Mountains etablieren wollten: Mit der sogenannten Cross Fostering-Methode waren im Grays Lake National Wildlife Refuge in Idaho brütenden Großen Kanadakranichen Eier von Schreikranichen im Tausch gegen ihre eigenen untergeschoben worden. Die Kanadakraniche zogen die jungen Schreikraniche auch wie erwartet groß und nahmen sie mit in ihr Winterquartier nach New Mexico. Doch die Schreikraniche waren auf die Kanadakraniche geprägt und hielten sie wohl für ihre Artgenossen; untereinander aber verpaarten sie sich nicht. Von den 85 Vögeln, die es in den 15 Jahren

bis in ihr Winterquartier im Bosque del Apache National Wildlife Refuge in New Mexico und zum Teil zurück nach Idaho geschafft haben, verschwand der letzte Vogel, Jahrgang 1983, im Frühjahr 2002 von der Bildfläche.

Statt Kanadakranichen folgen seit 2001 nun jeden Herbst bis zu 19 (2005) junge Schreikraniche vier Ultraleichtflugzeugen in einem mehrwöchigen Flug von Necedah in Wisconsin in das 2000 Kilometer südöstlich gelegene Chassahowitzka National Wildlife Refuge an der Westküste Floridas, das zuvor auf seine Voraussetzungen als Winterquartier für Schreikraniche überprüft worden ist. Der außergewöhnliche Zugverband, der von einem größeren Flugzeug in größerer Höhe und am Boden von Autos begleitet wird, reist in Tagesetappen von 40 bis 150 Kilometern unter großer Anteilnahme von Presse und Öffentlichkeit. Die Reisehöhe liegt meist bei 100 bis 300 Metern, bei entsprechendem Wind steigen Flugzeuge und Kraniche aber auch mal bis auf 1200 Meter. Schlechtes Wetter zwingt sie immer wieder zu manchmal mehrtägigen Pausen.

Operation Migration, ein 1993 von den Kanadiern Bill Lishman und Joe Duff gegründetes Non-Profit-Unternehmen, hat das Projekt zunächst mit anderen Vögeln sorgfältig getestet: Der Zug hinter Flugzeugen wurde zuvor mit Kanadagänsen, Trompeterschwänen und schließlich auf der vorgesehenen Reiseroute mit Kanadakranichen geprobt. Und was im Jahr 2000 mit den Kanadakranichen geklappt hatte, funktioniert seit 2001 auch mit Schreikranichen: Im Frühjahr 2002 flogen die 16 mit Farbringen und Sendern versehenen Schreikraniche selbständig von Florida nach Necedah zurück – in nicht einmal zehn Tagen. Im Frühjahr 2006 zählte die Gruppe nach fünf »Überführungen« und vier »Zugesellungen« zu früheren Jahrgängen in Necedah *(direct autumn release)* schon 64 Vögel, und im Herbst 2006 sind bis zu 22 Schreikraniche, die in den Brutschränken des Patuxent Wildlife Research Center in Maryland und in der International Crane Foundation geschlüpft sind, für die Überführung mit dem Flugzeug und zehn bis zwölf für die unmittelbare Freilassung vorgesehen. Im Aufzuchtzentrum von Patuxent herrschen strenge Regeln: Schon in

Ein Schreikranichpaar in seinem
Brutrevier aus der Adlerperspektive.
Mit ihrem weißen Gefieder wirken
die Vögel wie Fremdkörper in der unzu-
gänglichen nordkanadischen Wildnis,
wo sie ungestört ihren Nachwuchs
großziehen können (Wood Buffalo
National Park/ Alberta und Northwest
Territories, Kanada).

der Eischale werden die Küken mit dem Geräusch von Flugzeugmotoren vertraut gemacht, und später beim Training sehen sie außer dem Flugzeug als »Leitkranich« nur Menschen im Kranichkostüm, die sich ihnen stets auschließlich mit von einer Diskette wiedergegebenen Schreikranich-Lauten nähern. Menschliche Stimmen bekommen die jungen Vögel nicht zu hören, damit sie ja keinen positiven Bezug zu ihnen herstellen.

Die Hoffnung der Kranichschützer, daß ab 2006 die ersten Paare in Necedah oder in der Umgebung brüten, ist in Erfüllung gegangen. Am 22. Juni 2006 schlüpfte das zweite Küken in dem Nest eines Schreikranichpaares des Jahrgangs 2002. Beide

Vögel stammen aus Patuxent und sind viermal zwischen Necedah und Florida hin- und hergezogen. Mitte Juli lebten beide Jungvögel noch und wurden von ihren Eltern geführt und versorgt. Die Brutversuche von vier anderen Paaren in Necedah waren im Jahr 2006 noch erfolglos geblieben. Da sind die Kraniche der »stationären« Population in Florida schon weiter. Von den über 300 Vögeln, die seit 1993 rund um die Kissimmee Prairie in Zentral-Florida ausgewildert wurden, lebten im April 2006 noch mindestens 58, davon 28 verpaart. Mehrere Paare haben bereits gebrütet, 2004 kam Lucky, der erste in dieser Gruppe flügge gewordene Jungkranich aus dem Jahr 2000, durch einen Beutegreifer ums

Wer die weiträumigen Freianlagen der International Crane Foundation besucht, kann – wie auf diesem Foto, das Anfang Juni 2006 entstanden ist – das Glück haben, ein gerade geschlüpftes Küken in der Obhut seiner Schreikranicheltern aus nächster Nähe in natürlichem Biotop beobachten zu können. Drei Wochen später schlüpften rund 100 Kilometer entfernt im Necedah National Wildlife Refuge nach mehr als 150 Jahren erstmals in den USA wieder zwei Schreikranichküken in freier Wildbahn (Besucherzentrum von ICF bei Baraboo/ Wisconsin, USA).

Leben. Wie viele seiner Artgenossen wurde er wahrscheinlich das Opfer eines Rotluchses. In der Brutsaison 2005/06 haben sieben von zwölf nistenden Paaren neun Junge ausgebrütet, von denen im Juni 2006 noch fünf lebten. In nächster Zukunft sollen weniger in Gefangenschaft aufgezogene Kraniche in den großen Auswilderungsvolieren auf das Leben in Freiheit vorbereitet werden. Man will erst einmal die weitere Entwicklung abwarten.

Trotz der mit viel Aufwand und großem finanziellen Einsatz betriebenen Wiederansiedlungsprojekte richten die Naturschützer ihr Hauptaugenmerk nach wie vor auf die Schreikraniche, die zwischen Kanada und den USA hin- und herziehen. Es gilt, ihre Zugwege und Rastplätze zu sichern und ihre Lebensbedingungen im Aransas Schutzgebiet optimal zu erhalten. Nicht nur die Transportschiffe für Chemikalien und Öl auf dem nahen Gulf Intracoastal Waterway sind eine ständige Gefahr (ein Unfall hätte unabsehbare Folgen für die Winterreviere der Vögel); in jüngster Zeit fließt auch immer weniger Süßwasser in die küstennahen Brackwasserlagunen, da dem Guadalupe-Fluß zuviel Wasser entnommen wird. Die Folge wird sein, daß sich die Tierwelt im Wasser verändert; besonders die *blue crab*, eine Krebsart, von der die Schreikraniche sich hier zu einem Großteil ernähren, droht, immer seltener zu werden. Mit Verhandlungen und gerichtlichen Auseinandersetzungen versuchen die Naturschützer, die Interessen der Schreikraniche zu vertreten. Bei Energieversorgern versuchen sie durchzusetzen, daß gefährliche Leitungstrassen »entschärft« werden. Der Anflug gegen Stromleitungen ist nämlich auch bei den Schreikranichen die Todesursache Nummer Eins.

Ein Aufsehen erregendes Gerichtsurteil im Sommer 2004 läßt die Kranichschützer hoffen, daß es in Zukunft wenigstens keine illegalen Abschüsse der bereits seit 1916 in Kanada und den USA gesetzlich geschützten Schreikraniche mehr gibt: Im Juni 2004 wurde in Texas ein Jäger, der von einem Aufsichtsbeamten des Wild- und Naturschutzes mit einem geschossenen Schreikranich erwischt worden war, zu einer Gefängnisstrafe von sechs Monaten ohne Bewährung und einer Geldstrafe sowie Schadenser-

satzzahlung von zusammen mehr als 10 000 Dollar verurteilt und sein Name in der Zeitung veröffentlicht. Durch den Prozeß wurde erstmals der Wert eines Schreikranichs gerichtlich festgestellt: Tom Stehn, der Koordinator des International Whooping Crane Recovery Teams, der als Sachverständiger geladen war, bezifferte die Kosten für die Wiederansiedlung eines Wisconsin-Florida-Kranichs auf 160 000 US-Dollar.

Trotz solcher und anderer Verluste zeichnete sich 2006 als das wahrscheinlich beste Jahr seit mehr als 100 Jahren für die kanadischen Schreikraniche ab: Von den 211 der 214 überwinternden Vögel, die im März und April in Aransas zum Flug in den gut 4000 Kilometer nördlich gelegenen Wood Buffalo Park aufgebrochen waren, hatten im Mai 62 der 71 Revierpaare *(territorial pairs)* Nester gebaut und bis Juni 76 Junge (darunter 24 »Zwillingspaare«) erbrütet, die von den amtlichen kanadischen Kranichschützern aus der Luft gezählt wurden. Gute Wasserstände und Wetterverhältnisse waren ideale Voraussetzungen. Wie viele dieser Jungen Anfang November in Aransas im Gefolge ihrer Eltern eintreffen werden, läßt sich erst ab September einschätzen. Aber Tom Stehn hofft, daß der Rekord von 2004, als erstmals mehr als 200 Schreikraniche aus Kanada in Aransas ankamen, und von 2005 erneut gebrochen wird. Damit ist das International Whooping Crane Recovery Team von seinem Ziel aber immer noch weit entfernt. Erst wenn in allen drei Populationen regelmäßig mindestens 25 Paare erfolgreich brüten, halten sie das langfristige Überleben des Schreikranichs für gesichert. Selbst die Optimisten unter den Kranichschützern wagen nicht zu hoffen, daß es jemals wieder 1400 frei lebende Schreikraniche geben wird. Auf diese Zahl wird der Bestand im Jahr 1860 geschätzt, als die Zerstörung großer naturnaher Feuchtgebiete und die Jagd auf den seltenen *American white crane* besonders heftig einsetzte.

FOLGENDE DOPPELSEITE
Seit 2001 folgen jeden Spätsommer und Frühherbst bis zu 20 junge Schreikraniche mehreren Ultraleichtflugzeugen. Sofern das Wetter es zuläßt, trainieren sie auf diese Weise wochenlang einmal täglich für rund eine Viertelstunde ihre Flugmuskulatur; später ziehen sie hinter ihren motorisierten »Leittieren« von Wisconsin nach Florida, überwintern dort und ziehen im Frühjahr selbständig nach Wisconsin zurück. Daß freilebende Schreikraniche, die als Zugvögel jedes Jahr zweimal eine Flugstrecke von mehreren tausend Kilometern zurücklegen, ein hohes Alter erreichen können, bewies ein im Wood Buffalo Nationalpark als Jungvogel beringtes Weibchen, das mit 28 Jahren auf dem Herbstzug 2005 im kanadischen Saskatchewan gestorben ist (Necedah NWR/Wisconsin, USA).

Grauer Kranich *(Grus grus)*:
Von Jahr zu Jahr werden es mehr

In jedem Frühjahr stelle ich mir die bange Frage: Kommen sie zurück und werden sie wieder in dem ehemaligen Torfmoor und dem kleinen angrenzenden Erlenbruch, etwa 800 Meter von unserem Haus im südöstlichen Schleswig-Holstein entfernt, ihr Brutquartier beziehen? Seit zehn Jahren haben mich die Grauen Kraniche nicht enttäuscht. In fünf dieser zehn Jahre haben sie hier Junge erfolgreich aufgezogen, viermal Zwillinge. Die Voraussetzungen dafür – flache Gewässer, ausreichend Deckung, Ruhe, angrenzendes Grünland und daran anschließende Getreidefelder – könnten nicht besser sein. Und da andere geeignete Reviere in unserer Region immer knapper werden, haben sie gute Gründe, auch in Zukunft immer wieder hierher zurückzukehren. Ob es immer dieselben sind, weiß ich nicht, denn sie tragen keine individuellen Merkmale in ihrem Gefieder oder sonstige Kennzeichen. Manchmal trompeten die beiden großen silbergrauen Vögel bereits Ende Februar auf der nahen Wiese, auf der sie in den Resten der Kuhfladen vom vergangenen Herbst und im Boden unter dem noch kurzen Gras nach Nahrung suchen. In anderen Jahren treffen sie auch erst Mitte März ein. Immer aber sind sie da, noch bevor die nach Skandinavien und Osteuropa ziehenden Artgenossen unsere schöne lauenburgisch-mecklenburgische Grenzlandschaft hoch am Himmel in großen Keilen überfliegen. Dann antwortet nicht nur »mein« Paar; auch die fünf bis sieben im Umkreis von eineinhalb Kilometern ansässigen Nachbarn schmettern ihre Duettrufe in die Frühlingsluft. Auch sie sitzen dann schon auf ihren Eiern. Wenn in Nordschweden die Grauen Kraniche mit der Brut beginnen, führen unsere norddeutschen Paare bereits ihre Küken durch die Erlenbrüche, Buchenwälder und Moore. Ist der Vorfrühling

RECHTS
Sobald die Kranichküken nach dem Schlüpfen getrocknet sind und auf ihren Füßen stehen können, verlassen sie unter der Führung der Eltern das Nest. Diese Grauen Kraniche haben ihren Brutplatz in einem Erlenbruch eingerichtet, so daß die Jungen gleich ihre angeborene Schwimmfähigkeit unter Beweis stellen müssen – wie dieses Küken, das im Bild von links hinter dem Baumstumpf hervorschwimmt (Kreis Herzogtum Lauenburg/Schleswig-Holstein, Deutschland).

FOLGENDE DOPPELSEITE

In welcher Formation und Höhe und bei welchem Licht sie den Betrachter auch überfliegen: Die Grauen Kraniche hinterlassen in jedem Fall einen be- sonderen Eindruck, vor allem dann, wenn sie auch noch ihre rauhen Rufe erklingen lassen (bei Linum/ Brandenburg, Deutschland).

besonders mild, legt manches Weibchen bereits in der ersten Märzhälfte seine beiden Eier.

Ein so intensives Kranichleben, wie es heute in Norddeutschland herrscht, hat sich hier erst seit etwa 1980 wieder entwickelt. Bis dahin endete die westliche Verbreitungsgrenze von *Grus grus*, der auch einfach Kranich, Eurasischer Kranich oder seit jüngster Zeit Graukranich genannt wird, in Schleswig-Holstein und Niedersachsen wenige Kilometer von der damaligen deutsch-deutschen Grenze entfernt. Um 1970 brüteten nicht viel mehr als zwei Dutzend Kranichpaare in diesen beiden westdeutschen Bundesländern. In Mecklenburg und Brandenburg gab es zwar schon damals deutlich mehr, doch längst nicht so viele wie heute. Zu ihrer eigenen Überraschung erfuhren die deutschen Kranichschützer Anfang November 2004 auf ihrer Jahrestagung von einer neuen Zahl: Eine Wissenschaftlerin hatte deutschlandweit alle Kranichreviere erfaßt und war auf über 5000 gekommen. Daraufhin einigten sich die versammelten Fachleute darauf, daß es mindestens 4000 Brutpaare geben müsse. (Im Jahr 2006 wird die Zahl der Revierpaare von der Arbeitsgemeinschaft Kranichschutz Deutschland auf 5400 erhöht.) Und was die Herzen der Kranichfreunde ebenfalls höher schlagen ließ: Die Vögel breiten sich weiter nach Westen und Süden aus: In Bayern wird der erste Brutplatz geheimgehalten, in Nordrhein-Westfalen gibt es nach der Besiedlung des westlichen Niedersachsens auch ein Brutpaar. In den Niederlanden und in Ostfrankreich brüten seit wenigen Jahren ebenfalls zwei bis drei Paare, und in England leben inzwischen ganzjährig gut 20 Kraniche. Überall ist der Graue Kranich dabei, Terrain zurückzuerobern, das er zum Teil schon vor mehr als hundert Jahren aufgegeben hatte. Auch nach Südosten vergrößert er sein Brutareal: In Tschechien lassen sich mittlerweile in jedem Frühjahr zwischen 25 und 30 Paare nieder, und auch in Ungarn gab es jüngst Brutversuche. Weiter nördlich hat die Zahl der Brutpaare in Polen, in den drei baltischen Staaten Estland, Lettland und Litauen, in Teilen Nordwestrußlands und in Finnland zugenommen. Allein in Schweden brüten rund 20 000 Paare; demnach halten sich in jedem Spätsommer dort mehr als

60 000 Kraniche auf. In Dänemark brüten wieder etwa 65 Paare.

Wie sehr es mit dem Grauen Kranich in Westeuropa aufwärts geht, belegen die Zahlen der Vögel, die im Herbst von Nord- und Mitteleuropa nach Süden und Südwesten ziehen. Hunderte von Kranichfreunden erfassen sie jedes Jahr entlang der beiden wichtigsten Zugwege: Auf der westeuropäischen Strecke, die von der deutschen Ostseeküste auf verschiedenen Reiserouten zum Rhein und dann südwestwärts über Ostfrankreich nach Südwestfrankreich und weiter nach Spanien und nach Portugal führt, flogen noch 1970 nur rund 50 000 Graue Kraniche; im Jahr 2005 war die Zahl auf gut 160 000 angestiegen. Und auf der sogenannten baltisch-ungarischen Route waren im Jahr 1970 noch etwa 30 000 Vögel unterwegs; im Herbst 2005 waren es schon gut 100 000. Rechnet man einige nicht erfaßte Flugverbände hinzu, liegt die Zahl des Eurasischen Kranichs im westlichen Europa bei 300 000. Die übrigen Artgenossen hinzugerechnet, deren Verbreitungsgebiet sich bis nach Nordostchina erstreckt, ergibt sich nach jüngster Hochrechnung der International Crane Foundation ein Gesamtbestand von bis zu 450 000 Vögeln.

In dem Maße, wie die Zahl der Grauen Kraniche angewachsen ist, haben sie auch neue Brutgebiete und weitere Rastgebiete für sich erschlossen. (Viele der Orte sind unter den Reisezielen genannt.) Die wärmeren Durchschnittstemperaturen in den vergangenen Wintern haben die Kraniche in Europa zunehmend veranlaßt, ihre Flüge in die Winterrefugien abzukürzen. Bis zu 70 000 Graue Kraniche sparen sich in manchen Jahren die Überquerung der Pyrenäen und überwintern in Frankreich. Das ist nur dank des intensiven Anbaus von Mais möglich, denn von den Ernteresten auf den Feldern ernähren sich die Vögel hauptsächlich. (Auf damit verbundene Probleme wird auf den Seiten 210 ff. näher eingegangen). Auch in Ungarn halten sich die Kraniche im Herbst länger auf als früher. Heute erstreckt sich das erweiterte Überwinterungsgebiet der Grauen Kraniche von Frankreich über Spanien und Marokko, über Tunesien, Israel, Äthiopien, Sudan, die Türkei und Indien bis nach Südwestchina. Mindestens

Ein klassisches Familienbild:
Zwei Graue Kraniche mit ihren beiden
Jungen in der Mitte durchstreifen
die *Dehesas*, die lichten Eichenwälder
der Extremadura in Südwestspanien
(bei Obando in der Nähe des Stausees
von Orellana/Extremadura, Spanien).

so wichtig wie der Schutz und die Betreuung ihrer Brutreviere ist für das Wohlergehen der Grauen Kraniche die Sicherung ihrer Rastgebiete, in denen sie sich oftmals zu Zehntausenden versammeln. Die Veränderung oder gar Zerstörung weniger solcher Plätze kann für viele Kraniche den Tod bedeuten. Und da meistens die Vögel aus einer Brutregion auch gemeinsam ihre »Winterferien« verbringen, können größere Verluste im Winter in den folgenden Jahren verwaiste Brutplätze in einem größeren Gebiet zur Folge haben.

Selbst zwischen den mächtigen Stämmen uralter Kork- und Steineichen nimmt sich der Graue Kranich stattlich aus. Immer mehr der zum Teil jahrhundertealten Eichenhudewälder, ein Natur- und Kulturgut Südwestspaniens, werden zugunsten moderner durch die Europäische Union subventionierter Ackerbewirtschaftung gerodet (bei Obando/Extremadura, Spanien).

In ihren Winterquartieren treffen die
Grauen Kraniche mit vielen Vogelarten
zusammen, denen sie sonst nicht
begegnen. Im israelischen Hula-Tal sind
es neben diesem Pelikan mehr als
300 Arten. Geschwächte oder verletzte
Kraniche müssen sich hier vor Steinadler, Kaiseradler, Steppenadler und
Seeadler in acht nehmen (Agmon Park/
Hula-Tal, Israel).

FOLGENDE DOPPELSEITEN

Herbstliche Morgenstimmung an einem
Schlafplatz von Grauen Kranichen kurz
vor Sonnenaufgang (Seiten 158–59).
Wenige Minuten, nachdem die Aufnahme
gemacht wurde, beendeten die Vögel
ihre Nachtruhe und ihre morgendliche
Gefiederpflege und flogen in Gruppen
auf die Felder in der weiteren Umgebung (bei Grünewalde/Brandenburg,
Deutschland).

Schon lange vor Sonnenaufgang
verlassen Graue Kraniche ihr Schlafgewässer im äthiopischen Winterquartier (Seiten 160–61) und überfliegen
dabei die gewaltige Schirmkrone eines
alten freistehenden Baumes (nahe
dem Cheffe-See bei Debre Zeit, südlich
von Addis Abeba, Äthiopien).

In altägyptischen Grabkammern *(mastabas)* finden sich an den Wänden aus Kalkstein schöne Reliefdarstellungen von domestizierten oder gefangenen Grauen Kranichen und Jungfernkranichen mit ihren Betreuern.

Besonders gut erhalten ist die »Kranichwand« in der Grabkammer des Ti in Sakkara (Anfang der fünften Dynastie, etwa 2400 vor Christus).

Als Kult- und Kulturträger unter den Vögeln unübertroffen

Kraniche haben früh die Menschen beeindruckt und ihre Neugier und Phantasie angeregt. Eine Fülle von Kunstwerken und literarischen Quellen aus verschiedenen Epochen, Kulturen und Ländern zeugen davon. Das Interesse an den Vögeln mit dem besonderen Charisma ist ungebrochen, ja heute vielleicht sogar stärker als je zuvor; die vielen modernen Darstellungen von Kranichen, ihre häufige Verwendung in der Werbung und als »Verkaufshilfen« im Marketing sowie eine wachsende Zahl von Büchern (dieses eingeschlossen) und Filmen sind der Beweis. Von den vielfältigen Beispielen, aus denen ersichtlich wird, wie groß die Bedeutung der Kraniche in der Mythologie, in der Religion, in der Kunst, in der Literatur, aber auch im Alltagsleben der Menschen von der Antike bis in die Gegenwart war und ist, können in diesem Kapitel nur einige angesprochen werden. Dabei war unvermeidbar, daß sich im folgenden Text etliche Beispiele aus dem vom Autor früher veröffentlichten Buch *Kraniche – Vögel des Glücks* wiederfinden, in dem dieses Thema ausführlicher behandelt wurde. Eine vollständige »Kulturgeschichte des Kranichs« würde sicherlich ähnlich umfangreich und spannend werden wie seine Naturgeschichte. Beide bedürfen einer regelmäßigen Fortschreibung, denn sie entwickeln sich von Jahr zu Jahr weiter.

Wenn auch viele historische Zeugnisse über das Verhältnis des Menschen zum Kranich nicht mehr vorhanden sind, da sie Opfer des Verfalls wurden, bevor moderne Erhaltungs- und Archivierungsmethoden sie der Nachwelt hätten überliefern können, so gibt es doch erstaunlich frühe Hinweise zur Wertschätzung und Nutzung der Vögel, die lange vor dem Menschen die Erde besiedelt haben. So haben Archäologen 1999 in China im Tal des Gelben Flusses eine aus dem Flügelknochen eines Kranichs geschnitzte, heute noch funktionsfähige Flöte ausgegraben, mit deren Hilfe schon vor rund 9000 Jahren Menschen Melodien erzeugt haben. Während es sich dabei um eine »Sekundärnutzung« handelte, zeigen heute noch viele vor rund 4500 Jahren und früher in Stein geschlagene und gemeißelte Reliefbilder in Ägypten, wie seinerzeit Menschen »Herden« von Kranichen hielten, um sie als Opfertiere und zur Fleischversorgung zu nutzen.

Besonders gut erhalten und berühmt sind die Kranichdarstellungen in den unterirdischen Grabkammern *(mastabas)* des Ti, eines wohlhabenden Landedelmannes in Sakkara, wenige Kilometer südlich von den Außenbezirken Kairos gelegen. Sie entstanden zu Beginn der fünften Dynastie, etwa 2400 vor Christus, und geben einen aufschlußreichen Einblick in die Umgebung und das Alltagsleben eines reichen Landbesitzers der damaligen Zeit. An mehreren Wänden der weitläufigen unterirdischen Anlage, die Teil einer der wichtigsten Nekropolen (Totenstädte/Gräberfelder) Altägyptens ist, sieht der

Nur als Teil und nicht mehr in Farbe erhalten: Ein Wächter hält einen Kranich fest.

Besucher Reliefs, auf denen Menschen zusammen mit Kranichen abgebildet sind. Dabei haben die Steinmetze genau zwischen Grauen Kranichen und Jungfernkranichen unterschieden. Beide Arten ziehen noch heute im Herbst und im Spätwinter auf ihrem Weg zwischen den osteuropäischen Brutgebieten und den afrikanischen Überwinterungsgebieten in Äthiopien und im Sudan am Nil entlang. Früher müssen sie in großen Scharen auch in Ägypten an den nahrungsreichen Flußufern überwintert haben, so daß sie dort gefangen und gezähmt werden konnten. Schon damals waren Schlagnetze in Gebrauch, die an den Übernachtungsplätzen der Vögel zum Einsatz kamen. Die Bilder deuten darauf hin, daß die Kraniche wie Geflügel, mitunter zusammen mit Gänsen und Enten, gehalten, gefüttert und zum Teil mit der Methode des »Stopfens« gemästet wurden. Ob die Kraniche so vertraut mit den Menschen waren, wie es manche der Darstellungen vermuten lassen, muß bezweifelt werden, zumal wenn es sich um Wildfänge handelte. Aber vielleicht gab es auch damals schon Bruten von Kranichen in Gefangenschaft, deren Nachkommen dann gleich als Hausgeflügel von Menschen aufgezogen wurden.

Als Speise und Medizin

Daß Kranichfleisch besonders schmackhaft ist, haben in der Vergangenheit immer wieder Liebhaber einer guten Küche erklärt. Der römische Dichter Horaz (65–8 vor Christus) bezeichnet den Vogel als »angenehme Beute«, sein als Feinschmecker in die Geschichte eingegangener Zeitgenosse Apicius empfahl, das Kranichfleisch erst von den vielen Sehnen zu befreien. Selbst prominente Naturwissenschaftler wie Konrad Lorenz (1903–1989) sollen sich nach einer Kostprobe lobend über den Geschmack geäußert haben.

In alten Rezeptbüchern wurde auch die Heilkraft bestimmter Körperteile des Kranichs oder einer Brühe aus seinem Fleisch angepriesen. So schreibt Conrad Gessner in seinem ursprünglich in Latein verfaßten und 1557 in »teutscher« Sprache in Zürich erschienenen Vogelbuch unter anderem: »Die Kränch sind denen, so mit dem krimmen beladen sind, in der speyss genützt, dienstlich. Die brüyen von

disem vogel genützt, machet ein gehelle stimm, und meeret männliche natur. Der kopf, die augen und der magen von disem vogel werden gederrt, und werdend mit alle dem so darin ist, gepülveret, mit welchem dann die fistlen, der kräbs, und alle geschwär, geneeret werdend. – Auss dem margk dess schynbeins dises vogels macht man ein augensalb.«

Zuvor haben nach frühen Rezepten der traditionellen chinesischen Medizin schon der römische Schriftsteller Plinius der Ältere (23–79 nach Christus) und die Äbtissin Hildegard von Bingen (1098–1179) in ihrer *Heilkunde* Empfehlungen für aus Kranichen gewonnene Heilmittel gegeben.

In Ägypten dienten die Vögel nicht nur zur Bereicherung der Tafel oder vielleicht schon zur Herstellung von Medikamenten, sondern mußten auch – wie an den Wänden zu sehen – als Opfertiere herhalten. Getreu dem Motto: Was den Menschen schmeckt, gefällt auch den Göttern. Und es ist nicht auszuschließen, daß unter den vielen Beigaben und den Speisen, die den Toten in die prunkvollen Gräber gelegt wurden, Kraniche waren. Auch die Wandverzierungen sollten dafür sorgen, daß die Verstorbenen in den zugemauerten Grabkammern in ihrem »Nachleben« eine Umgebung wie im irdischen Dasein haben. Neben den unterschiedlich gut erhaltenen Darstellungen in verschiedenen Gräbern Sakkaras gibt es im Ägyptischen Museum in Kairo ein besonders schönes Teilrelief auf Kalkstein mit drei Kranichen aus einer Mastaba in Meidum (in Deutsch auch Medum oder Mädum geschrieben), zu bewundern, das aus der dritten Dynastie und damit aus der Zeit zwischen 2660 und 2590 vor Christus stammt. Dafür, daß der Kranich, wie etwa der Falke oder der Ibis, im alten Ägypten auch eine mythologische oder religöse Bedeutung hatte, gibt es keine Beweise, auch wenn dies bisweilen vermutet wird. Auffällig aber ist, daß Kraniche nicht nur häufig in Gräbern, sondern auch in manchen Tempelanlagen wie etwa in der alten Herrscherstadt Theben, heute das Touristenziel Luxor, zu sehen sind. Ob sie dort eher zur Verzierung der Wände in Form von Illustrationen des Alltagslebens oder als religiöse Symbole dargestellt waren, läßt sich nicht mit hinreichender Sicherheit beantworten.

In Gesellschaft von Nymphen und Tänzerinnen

Ägypten und Griechenland gehören zwar zu zwei verschiedenen Kontinenten, liegen aber nicht weit voneinander entfernt und hatten im Altertum zeitweise eine – für Ägypten nicht immer gute – politische Verflechtung. Kulturell gab es gegenseitige Befruchtungen. In beiden Ländern haben sich Gelehrte – wie zuvor schon die Assyrer, Hethiter und Sumerer in Klein- und Vorderasien – mit dem Vogelzug und insbesondere mit den Flugformationen der Kraniche beschäftigt. Die Völker rund um das Zweistromland sollen daraus Anregungen für ihre Keilschrift gewonnen haben; auch die Griechen leiteten aus dem Kranichflug später einige Buchstaben ihres Alphabets ab. Unabhängig davon hat im alten Hellas die Darstellung von Kranichen, die dort bereits im fünften und vierten vorchristlichen Jahrhundert häufig auf Vasen, Schalen und Duftöl-Gefäßen zusammen mit Menschen abgebildet wurden, ihre eigene künstlerische Entwicklung erfahren. Sie geht indes auf ähnliche Ursprünge wie in Ägypten zurück: Auch in Griechenland wurden gerne Kraniche als Haus- und Hoftiere gehalten, aber wohl nicht, um sie zu essen, sondern um die Menschen zu erfreuen. Auf den Vasen und anderen Gefäßen aus Ton oder Alabaster sind durchweg Jungfernkraniche zu sehen, die überwiegend Frauen Gesellschaft leisten. Gemeinsam mit Nymphen und Tänzerinnen erscheinen sie auch als vertieft oder erhaben geschnitzte Figuren auf Edel- oder Halbedelsteinen (Gemmen). Daraus lässt sich auf ein häufiges Vorkommen von *Anthropoides virgo* zu jener Zeit in Griechenland schließen, denn die Art hat früher in ganz Südeuropa gelebt, mancherorts wahrscheinlich sogar ganzjährig. Die zierlichen »schmucken« Jungfernkraniche sind nicht selten so dargestellt, als würden sie von den Menschen in ihrer Nähe umsorgt oder gar verehrt. Übrigens werden sie noch heute in Asien – meist illegal – in herrschaftlichen Gärten, aber auch in Hinterhöfen als wachsame Haustiere gehalten.

Das reich verzierte Bronzegefäß aus der Frühlings- und Herbstperiode (770 bis 476 vor Christus), in der chinesischen Provinz Henan 1923 ausgegraben, wird von einem Kranich gekrönt.

Überall in und zwischen den Palästen
und Tempeln der einstmals »Verbotenen
Stadt« in Peking – heute als Palastmuseum das Ziel von jährlich Hunderttausenden von Besuchern – stehen
Kraniche aus Stein und Metall oder
sind an den Wänden abgebildet.

Begleiter der Götter

Wahrscheinlich haben sich die Maler und Töpfer in Griechenland wesentlich früher mit Kranichen beschäftigt, als wir es heute an Hand der erhaltenen Kunstwerke zurückdatieren können. Denn Kraniche waren zeitweilige Begleiter der Götter Apollo und Hermes und standen Eros, dem Gott der Liebe, ebenso zur Seite wie Artemis, der Göttin der Jagd und der Keuschheit, sowie der »Mutter Erde« Demeter. Da konnte es nicht ausbleiben, daß die Dichter und Philosophen frühzeitig den Vögeln, die auf ihrem Zug zweimal jährlich den Peloponnes überflogen, ihre Aufmerksamkeit widmeten. Im achten Jahrhundert vor Christus hat Homer in der *Ilias* zu Beginn des Dritten Gesangs auf eine Geschichte Bezug genommen, die zuvor schon bekannt gewesen sein muß und die in verschiedenen Epochen und Versionen bis heute als »Krieg zwischen Kranichen und Pygmäen« Bestand hat: »Als so jegliches Volk mit den leitenden Führern geordnet / rückten die Troer heran wie Vögel mit Lärmen und Schreien / grade wie Kraniche krächzen im Fluge unter dem Himmel / wenn auf der Flucht vor dem Winter und unaussprechlichem Regen / kreischend sie fliegen dahin zum fernen Okeanosstrome / Tod und Verderben dem Volke der kleinen Pygmäen zu bringen / und in dem Nebel der Frühe das streitende Morden beginnen.« Diese Verse sind unterschiedlichen Deutungsversuchen ausgesetzt gewesen und mit vielerlei Legenden in Verbindung gebracht worden. Aus einer wird sogar *Geranos*, der griechische Name für den Kranich, abgeleitet: Die griechische Göttin Hera habe Gerana, eine von den Pygmäen verehrte Führerin, in einen Kranich verwandelt. (Es gibt verschiedene Versionen dieser Geschichte.) Der griechische Dichter Euripides (486–406 vor Christus) legt in seinem Drama *Helena* dem Chor der gefangenen und in Ägypten als Sklavinnen dienenden Griechinnen folgenden Bezug zu den Kranichen in den Mund: »Vögel ihr, mit gestrecktem Hals / Droben segelnd im Wolkenzug / Flieget auf die Plejaden zu / Und Orions nächtliches Bild.« Eine weitere griechische Legende, in der Kraniche eine besondere Rolle spielen und die vielleicht auf eine wahre Begebenheit zurückgeht, ist besonders

Der Kranich war im alten China der »Kaiservogel« und schmückte daher in vielen naturgetreuen, bisweilen aber auch kunstvoll überhöhten Nachbildungen die Residenzen der Herrscher. Dieser Kranich aus Bronze im Palastmuseum ist wohl der meistfotografierte Vogel der Welt.

Bis in die heutige Zeit sind Kraniche
ein beliebtes Motiv chinesischer Künstler für ihre Rollbilder. Hier eine ganz
zarte Darstellung von Mandschurenkranichen in typischer Körperhaltung.

im deutschsprachigen Raum bekannt; denn Friedrich von Schiller (1759–1805) hat in seiner Ballade »Die Kraniche des Ibykus« das Schicksal des im Volk bekannten und beliebten griechischen Lyrikers und Sängers Ibykos aus dem sechsten vorchristlichen Jahrhundert in beeindruckende Verse gefaßt: Als dieser auf seinem Weg »zum Kampf der Wagen und Gesänge« in Korinth von zwei Räubern ermordet wird und in diesem Moment ein Zug Kraniche den Ort des Geschehens »furchtbar krähend« überfliegt, ruft der Sterbende mit letzter Kraft: »Von Euch, Ihr Kraniche dort oben / Wenn keine andre Stimme spricht / Sei meines Mordes Klag erhoben!« Später, als auch beide Täter sich am Ort der Wettkämpfe im Theater eingefunden haben, »sieht man, in schwärzlichem Gewimmel, ein Kranichheer vorüberziehn.« Da ruft einer der Mörder erschrocken dem anderen zu: »Sieh da! Sieh da, Timotheus, die Kraniche des Ibykus!« So verraten sich die Verbrecher und werden bestraft.

Der Vogel mit dem Stein

Wesentlich naturnäher schrieb Hesiod um 700 vor Christus: »Habe acht auf die Zeit, in der Du die Stimme des Kranichs hörst, der, Jahr um Jahr, über den Wolken mit hohem Klange schreit, denn diese Stimme ist das Zeichen für den Regen.« Oder: »Merke auf, sobald Du des Kranichs Stimme vernommen, Der alljährig den Ruf von der Höh' aus den Wolken Dir sendet, Bringt er die Mahnung doch zum Säen, verkündet des Winters Schauer.« Und der griechische Geschichtsschreiber Herodot (um 485 bis 425 vor Christus) vermerkte im zweiten Buch seiner *Historien*, daß der Kranichzug mit den alljährlichen Überschwemmungen des Nils zusammenfalle. Auch der römische Dichter Vergil (70–19 vor Christus) sah in dem Kranich einen Wetterkünder: »Wenn der hochfliegende Kranich ein Tal aufsucht, naht ein Sturm.« Der Philosoph Aristoteles (384–322 vor Christus), der sich ausgiebig mit der Natur beschäftigte, hat den Wahrheitsgehalt einer Fabel seines Landsmannes Äsop aus dem sechsten Jahrhundert vor Christus überprüft, in der es ebenfalls um die angeblich besonders ausgeprägte Pfiffigkeit der Kraniche geht: Danach sollen sie bei ihrer Rast abwechselnd Wachposten aufstellen, die einen Stein in ihrem erhobenen Fuß halten. Sobald der wachhabende Kranich einzuschlafen drohe, falle der Stein auf den zweiten, am Boden stehenden Fuß, wodurch der Kranich wieder ganz wach werde. Diese Geschichte, so befand Aristoteles,

Ein Detail aus der mit vielen Kranichmotiven geschmückten Holzdecke des dreistöckigen kaiserlichen Theaters Chang Yin Ge aus dem Jahr 1776 – heute Teil des Palastmuseums von Peking.

In nicht wenigen Restaurants in China
sind die Wände mit Kranichmotiven
geschmückt; auf der gegenüberliegenden Seite sind es Mandschurenkraniche in der nordchinesischen Stadt Qiqihar. Die obere Abbildung stammt aus
dem Restaurant eines Pekinger Hotels:
Der Ausschnitt eines 60 Quadratmeter
großen Bildes mit dem Titel *Die Reise
ins Paradies*, das von dem bekannten
zeitgenössischen Maler Huang Yong
Yu stammt, zeigt Schwarzhalskraniche
mit einer schönen Kalligraphie.

Ganz in Gold vor tiefblauem Hintergrund: der Kranich am Fuße einer Kiefer und vor einem Tempel mit einem weiteren Kranich gebenüber auf einem Ast: Dieses Reliefbild gehört zu einer Serie von feinen Goldschmiedearbeiten, die im Palastmuseum in Peking zu sehen sind.

abwerfen zu können. Waren sie nachts unterwegs, konnten sie am Geräusch der aufprallenden Steine angeblich erkennen, ob sie über Land oder über Wasser flögen. Auch diese Fabel ist häufig in Bilder gesetzt worden.

Bei Hofe im allerersten Rang

In keinem anderen Land indes hat der Kranich als Sinnbild für das Gute so konsequent seinen Weg durch die Jahrtausende gemacht wie in China – vom Götterboten bis zum Markenzeichen für eine Zigarette oder eine Biersorte. Obwohl in dem großen asiatischen Land sieben Kranicharten regelmäßig vorkommen, handelt es sich bei allen Huldigungen, Abbildungen und Beschreibungen stets um den weißen Mandschurenkranich. Aber es kommen in der chinesischen Mythologie auch schwarze, gelbe und blaue Kraniche vor. In einer *Kranichkunde* aus dem sechsten Jahrhundert vor Christus heißt es, daß der Kranich ein Symbol des philosophischen Grundprinzips Yang sei, das im Gegensatz zu Yin für das Helle und Positive steht. Dem »unsterblichen Kranich« erkennen sowohl Laotse in dem von ihm begründeten Taoismus als auch Buddha, der in ihm einen »göttlichen Vogel« sieht, eine besondere Vermittlerrolle zwischen dem »Jetzt« und dem »Danach« zu. Die rot gekrönten Vögel mit dem schneeweißen Gefieder und den schwarzen Armschwingen waren Botschafter des Himmels und galten als Reittiere der Götter. Sie hießen »Himmelskranich« *(t'ien-ho)* und »Seligen-Kranich« *(s'ien-ho)*. Wenn ein taoistischer Priester starb, verwandelte er sich in einen Kranich und flog ins Reich der Seligen. So wurde der Kranich zum Sinnbild für die Unsterblichkeit. »Der Kranich hat ein langes Leben von Tausenden von Jahren«, heißt es im Kommentar zum *Shi jing*, dem konfuzianischen Buch der Lieder aus dem dritten Jahrhundert vor Christus. Kaiser und Fürsten hielten sich Kraniche an ihren Höfen und hofften, daß auf diesem Wege etwas von der Göttlichkeit und der Langlebigkeit der Vögel auf sie übergehe. Ganze Heerscharen von Dienern mußten für das Wohl der Gefiederten sorgen, die bei Hofe »den allerersten Rang« einnahmen. Vom Fürsten Yi des Staates Wei, der in der Frühlings- und Herbst-

gehöre in das Reich der Phantasie, was jeder Kenner der Kraniche bestätigen kann. Dennoch wurde sie später von römischen Schriftstellern wie dem schon erwähnten Plinius, von Aelianus (170–235 nach Christus) und von anderen aufgenommen und weiter verbreitet. Seither ist *Grus vigilans*, der »Kranich mit dem Stein«, als Objekt der Maler, Schnitzer, Steinmetze, Bildhauer, Dichter und Wappenträger über das Mittelalter bis heute allgegenwärtig geblieben. Ebenso phantastisch war die in einigen europäischen Ländern verbreitete Überlieferung, nach der die Kraniche vor ihrem langen Flug zwischen Brutgebiet und Winterquartier Steine verschlucken, um sie bei unguten Winden als Ballast auswürgen und

福を招く「和室」の演出

幸せを呼び込もうと建物の中に飾った瑞鳥ツル。

Hanging Scrolls and Folding Screens

Der Kranich trägt als »Himmelsvogel«
die Seelen der Verstorbenen ins Paradies: eine klassische Darstellung aus
dem alten Japan, die als Motiv schon
aus China übernommen, im »Land der
aufgehenden Sonne« aber vielfach
abgewandelt wurde. Auf diesem Plakat
aus dem Kranichmuseum der südjapanischen Stadt Izumi mit dem Motiv
eines alten Rollbilds sind als zusätz-
liches graphisches Element oben rechts
zwei tanzende Kraniche dargestellt.

periode (770–476 vor Christus) regierte, ist überliefert, daß ihn seine Kraniche als »hohe Beamte und
Generäle« auf seinen Ausflügen und Reisen in eigenen Karossen und Sänften begleitet haben.
Kraniche wurden von Künstlern, bisweilen von den
Herrschern selbst, in vielfacher Form auf Rollbildern,
Teppichen und Seidenvorhängen abgebildet und
in Bronze, Gold, Silber, Porzellan, Stein, Ton oder Holz
nachgeformt. Aus den monumentalen Grabkammern von Qin Shihuangdi, Chinas »Erstem Kaiser«,
in Lintong, unweit der alten Kaiserstadt Xian, bargen
unlängst Archäologen dreizehn große Bronzekrani-
che. Neben Keramiksoldaten und zahllosen getöte-
ten Tieren, darunter angeblich Große Pandas, Tiger
und 500 Pferde, sollten sie um 220 vor Christus
dem Herrscher in seiner Todesresidenz Gesellschaft
leisten. In der einstmals »Verbotenen Stadt« Pekings,
dem von 1406 bis 1420 erbauten Kaiserpalast und
heutigen Palastmuseum, zeugen Scharen von Kranichen als Statuen, als Deckenbemalungen und Holz-
schnitzereien, als kostbare Juwelierarbeiten sowie
als Seidenstickereien auf Umhängen und – in Form
von Rangabzeichen – auf Uniformen der Manda-
rine und Hofbeamten der Ming- und Qing-Dynastie
(1368–1911) von der immensen Vielfalt der Darstellungen und damit von der Bedeutung, die den Kranichen im alten China zukam. Auch im Sommer-
palast (Yi He Yuan) in den Außenbezirken Pekings
stößt der Besucher immer wieder auf Kraniche.
Oft wurden sie zusammen mit einer Schildkröte oder
einer Bergkiefer abgebildet, zwei anderen Symbolen
für ein langes Leben und für Beständigkeit. Schon
Laotse soll zu Konfuzius gesagt haben: »Der Kranich badet nicht jeden Tag und bleibt trotzdem weiß.
Seine Stimme ist nicht so schön wie die der Nach-
tigall, aber sie beinhaltet Ehrlichkeit und Gerechtig-
keit.« Und im bereits erwähnten Buch der Lieder,
heißt es: »Wenn ein Kranich am Teich schreit, erreicht
seine Stimme den Himmel.«

Der Patriarch unter den Gefiederten

Bei einer derartigen religösen und mythologischen Bedeutung des Kranichs ist es nicht verwunderlich, daß sich auch die Dichter und Schriftsteller des »Patriarchen unter den Gefiederten« schon früh angenommen haben. Es gibt viele Märchen und Legenden, in denen ein Mensch in einen Kranich verwandelt wird oder umgekehrt. Meistens nehmen in den Geschichten die Liebe und das (Un-)Glück einen herausragenden Rang ein. Der berühmte Dichter Bai Yu Ji hat sich während der Tang-Dyna-stie (618–907) in einer Ode mit folgendem Vers an seine Geliebte Ying gewandt: »Mögen wir Kraniche werden und Flügel an Flügel im Himmel fliegen.«

Immer wieder werden die Kraniche zum Symbol für die Befreiung von allem Irdischen, für die Unzer-trennlichkeit von zwei Menschen und das ewige Glück. So geht auch eins der schönsten Gedichte der jüngeren deutschen Lyrik , »Die Liebenden« von Bertolt Brecht aus *Aufstieg und Fall der Stadt Mahagonny*, auf eine chinesische Vorlage zurück: »Sieh jene Kraniche in großem Bogen! / Die Wolken, welche ihnen beigegeben / Zogen mit ihnen schon, als sie entflogen / Aus einem Leben in ein andres Leben / In gleicher Höhe und mit gleicher Eile / Scheinen sie alle beide nur daneben. / Daß so der Kranich mit der Wolke teile / den schönen Himmel, den sie kurz befliegen / Daß also keines länger

Kraniche in der weiten verschneiten Landschaft vor dem Fudschijama – dieses berühmte Bild von Katsushika Hokusai (1760–1849) mit dem Titel *36 Blicke auf den Berg Fudschi* ist in Japan in vielen Variationen und Nach-ahmungen zu finden.

hier verweile / Und keines andres sehe als das Wiegen / Des andern in dem Wind, den beide spüren / Die jetzt im Fluge beieinander liegen / So mag der Wind sie in das Nichts entführen / … / So scheint die Liebe Liebenden ein Halt.«

»Mögest du so lange und so glücklich leben wie ein Kranich!« lautet auch heute noch in China, Japan und Korea ein geläufiger Glückwunsch zum Geburtstag. Zum Jahreswechsel werden aufwendig gedruckte Karten mit Kranichen verschickt. In Japan tragen viele Bräute bei ihrer Hochzeit einen Kimono, dessen Stoff oder Seide mit Kranichen bedruckt oder bestickt ist. (Im Jahr 2004 hat eine der großen

Das 15 Meter lange Bild *Tausend Kraniche* aus dem 17. Jahrhundert, von dem auf der unteren Abbildung ein Ausschnitt zu sehen ist, gehört zu den nationalen Kunstschätzen Japans. Der Künstler Sotatsu hat es in Zusammenarbeit mit zahlreichen Kalligraphen geschaffen.

Modeschöpferinnen der internationalen Haute Couture, die Japanerin Hanae Mori, in ihrer Abschiedskollektion hochelegante Kleider und Umhänge
mit alten und neuen Kranichmotiven geschmückt.)
Der »ehrenwerte Herr Kranich« *(O tsuru sama)* ist
auch hier der Garant für ein langes glückliches
Leben, denn er gilt als ständiger Begleiter von Fukurokuju, einem der sieben Glücksgötter im japanischen Buddhismus. Und zu Festtagen wird immer
wieder gerne eine klassische Ballade mit dem Namen
Tsurukame aufgeführt, in der ein Kranich und eine
Schildkröte die Hauptrolle spielen.
Überhaupt ist bis heute in Japan ein stärker an
historischen und religiösen Vorbildern orientierter
»Kranich-Kult« erhalten geblieben als in China,
wo die Grenze zum Kitsch und zu flacher Vermarktung häufiger überschritten wird. Dabei sind die
Kraniche im sechsten Jahrhundert mit dem Buddhismus und der mit ihm einher gehenden Kunst von
China über Korea nach Japan gelangt. Es hat Jahrhunderte gedauert, bis sich ein eigener japanischer
Stil in der Kranichdarstellung herausgebildet hat.
Auch heute sieht man in japanischen Museen manches alte Rollbild oder Vasen, die von chinesischen
Künstlern stammen. Aber es gibt spätestens seit
dem elften Jahrhundert eine eigenständige »Kranichkunst« im Land der aufgehenden Sonne. Und nicht
nur auf den für Japan charakteristischen Lackmalereien. Das 15 Meter lange Bild *Tausend Kraniche*,
im Jahr 1611 von Sotatsu geschaffen, diente als
einer der Klassiker der japanischen Kunst vielen
nachfolgenden Malern als Vorbild. Die goldenen und
silbernen an der Meeresküste tanzenden Kraniche
sind mit Versen von 36 Dichtern verbunden, die
in unterschiedlich großer und starker Kalligraphie
aufgetragen wurden.

Besucher legen an der Gedenkstätte
für die Opfer des Atombombenabwurfs
in Hiroshima täglich neben Blumen
auch gefaltete Papierkraniche nieder.

二〇〇一年二月二二日
吉良吾福祉市立高梁中学校
一年生中

私達がこの世に生を受けてから、早いもので十二年という歳月が過ぎようとしています。この十二年の間に、私達は多くの人々に支えられ、また多くの人々と出会い、そして色々な経験を積み重ねてきました。この平和な日々を当り前のものとして過ごしてきたように思います。しかし、それは決して当り前のことではなく、多くの人々の努力と犠牲の上に成り立っているものなのだということを、改めて感じさせられました。今、私達にできることは、この平和を守り続けていくことだと思います。平和を願う心をこめて、この折り鶴を捧げます。

Wer phantasievolle Beispiele der
japanischen Origami-Kunst studieren
möchte, findet eine reiche Auswahl
im Friedenspark von Hiroshima, wo insbesondere gefaltete Papierkraniche
in Ketten und Sträußen zuhauf gesam-
melt werden, oftmals mit angehängten
Gedichten und Briefen.

Sinnbild des Lebens und Anwalt des Guten

Um tausend Kraniche geht es auch in der Origami-Kunst, dem Falten von Papier zu Figuren und phantasievollen Verpackungen. Schon 1798 erschien in Kyoto ein Buch mit dem Titel *Wie man tausend Kraniche faltet.* Ein einzelner Papierkranich oder gar ein bunter Strauß aus vielen gefalteten Kranichen gelten seit jeher als glückbringend und – getreu der Vorstellung, Kraniche würden tausend Jahre alt – als Garanten für ein langes Leben. Einem Kranken werden statt Blumen Origami-Kraniche als Genesungswunsch mitgebracht. In manchen japanischen Häusern hängt in den Eingängen das ganze Jahr hindurch ein dickes Bündel von Papierkranichen, um Unheil abzuwenden.

Noch heute legen jeden Tag viele Besucher, insbesondere Schulkinder, im Friedenspark von Hiroshima große Mengen von Papierkranichen an dem Denkmal ab, das an den Abwurf der amerikanischen Atombombe auf die japanische Hafenstadt am 6. August 1945 mit den schrecklichen Folgen erinnert. Die Besucher gedenken damit insbesondere auch des Mädchens Sadako Sasaki, das – zehn Jahre nach der atomaren Explosion von den Strahlen stark gezeichnet – im Krankenhaus Papierkraniche zu falten begonnen hatte. Tausend fertigzustellen war sein Ziel, denn dann – so heißt es in der Überlieferung – habe man den Tod besiegt. Sadako hat nur gut 600 geschafft, dann starb sie. Kinder von mehr als 3000 Schulen in Japan falteten Millionen von Kranichen und sammelten für ein Standbild, das ein Mädchen mit einem Papierkranich in der Hand zeigt und die Erinnerung an das Schicksal von Sadako Sasaki und damit an die unzähligen Opfer wachhalten soll. Die »Kette der tausend Kraniche« gilt seitdem als Friedenssymbol, ebenso wie die im Friedenspark ausgestellte »Kranichglocke«.

Noch eine weitere Bedeutung hat der Kranich zum Ende des zweiten Weltkrieges in Japan gehabt. »Mit der Stimme des Kranichs« habe der japanische Kaiser dem Parlament die Kapitulation nahegelegt. *Tsuru no hitokoe* – dem »einmaligen Ruf des Kranichs« widerspricht man auch heute nicht in Japan, denn er verkörpert Autorität.

In anderen asiatischen Ländern wurde und wird der Kranich gleichermaßen verehrt. Mit der Ausbreitung der konfuzianischen, taoistischen und buddhistischen Religion, in deren unterschiedlicher Verwirklichung neben anderen Tieren Kraniche immer wieder eine Rolle spielen, flogen die »Himmelsboten« nicht nur ganz natürlich auf ihren Wanderzügen über Staatsgrenzen hinweg, sondern sie hielten ihren Einzug auch als Symbole und Kultobjekte. Die enge Verbundenheit der Koreaner zum Mandschurenkranich ist in Korea auch heute noch allenthalben sichtbar. Nicht zuletzt dank der Tatsache, daß alljährlich in Nord- und Südkorea zwischen etwa 400 und 600 Mandschurenkraniche überwintern – etliche von ihnen im Niemandsland (Demilitarized Zone = DMZ) zwischen den beiden Teilstaaten – haben die »rot gekrönten Vögel« bis heute in Korea eine große symbolische Bedeutung. Dennoch ziehen die Menschen in beiden Teilstaaten die Grenzen der von den Kranichen aufgesuchten Winterquartiere immer enger.

Ebenfalls religiöse Ursprünge (wenngleich nicht unbedingt von China beeinflußt), aber auch naturkundliche wie dekorative Gründe hat die Darstellung von Kranichen in einigen Klöstern Bhutans. Dort sind es neben phantasievoll abgewandelten weißen Kranichen auch Schwarzhalskraniche, die einstmals in dem Gebirgsland sogar gebrütet haben mögen. Heute fliegen in jedem November einige hundert aus Tibet ein, um in zwei Tälern zu überwintern. Mönche aus mehreren Klöstern konnten auf die Frage nach der Bedeutung der Kraniche an den Wänden keine Erklärung geben. Einige meinten, die Kraniche seien unter den Vögeln etwas Besonderes und Begleiter des Menschen in seinem Leben; daher müßten sie – auch durch die bildhafte Darstellung – geachtet und geschützt werden. Früher waren es hauptsächlich die Mönche, die neben ihrer bildlichen Darstellung auch für den mythologischen Ruhm der Kraniche sorgten. Nach einer indonesischen Legende, die von der Großen Sunda-Insel Celebes stammen soll, war nach der Erschaffung der Erde der Kranich das erste Lebewesen auf einem Felsen im Meer. Aus den Schweißtropfen, die der Felsen bei der Geburt des Kranichs vergoß,

LINKE SEITE
In einigen Klöstern *(dzong* oder *goemba)* Bhutans sind auf großen Wandbildern, die in der Regel Götter und Dämonen zeigen, auch Schwarzhalskraniche zu sehen (dieses übermannshohe Bild hängt im Tango Goemba nahe Bhutans Hauptstadt Thimphu). Das ist ein Beweis dafür, daß die Vögel schon lange in dem Königreich am Himalayagebirge bekannt sind.

179

entstand die Göttin Lumi-muut. Der Kranich erzählte ihr, es gebe ein »ursprüngliches Land«, von dem sie sich zwei Handvoll Erde holen solle. Die Göttin tat das, streute nach ihrer Rückkehr die Erde über den Felsen und der gebar alle anderen Lebewesen.

In Indien gibt es Bilder, auf denen der Saruskranich als Begleiter des Gottes Vishnu, einer der Hauptgötter neben Shiva und Krishna, zu sehen ist. Der Ehrfurcht gebietende, mit seinen über 170 Zentimetern so manchen Inder überragende Vogel galt als heilig. Daher wurde er über viele Jahrhunderte nicht verfolgt und genoß auch bei den Bauern einen Sonderstatus, wenn er sich auf ihren Feldern gütlich tat. Rund um Lumbini im südwestlichen Nepal, dem mutmaßlichen Geburtsort von Buddha, genießen Saruskraniche bis heute die Zuneigung der Landbevölkerung. Daher wurde zwischen den Tempeln, von denen viele erst in den letzten Jahren entstanden sind, ein Schutzgebiet für die Art *Grus antigone*, der früher auch unter den deutschen Namen Antigone-Kranich oder Halsband-Kranich bekannt war, eingerichtet. Die Tiere, die in ihrem übrigen Verbreitungsgebiet heute stark unter dem menschlichen Siedlungsdruck mit all seinen Begleiterscheinungen leiden, waren früher wohl auch vom Vogelfang ausgenommen. Darauf deuten alte Bilder hin, auf denen Menschen mit Netzen oder Waffen verschiedenen Vögeln nachstellen, Saruskraniche aber davon unbehelligt bleiben.

Tänzer der Meisterklasse

Besondere Wertschätzung genoß in seiner australischen Heimat auch der Brolga-Kranich, ein naher Verwandter des Saruskranichs; einer Legende der Ureinwohner zufolge war er nämlich einmal einer der ihren gewesen. Diese Geschichte hat ihren Ursprung in der großen Tanzfreudigkeit des Australischen Kranichs. Danach hat ein böser Zauberer Buralga, eine schöne Tänzerin, die von ihm nichts wissen wollte, aus gekränkter Eitelkeit mit einer Staubwolke verhüllt, aus der sich Buralga nur in Gestalt eines Kranichs befreien konnte. Seitdem tanzen dessen gefiederte Nachkommen besonders temperamentvoll und ausdauernd und erinnern dadurch an das Schicksal des schönen Mädchens. Der Brolga-Kranich, so überliefert es eine andere Sage, habe den Menschen das Feuer gebracht. Eines Tages flog er so nah an die Sonne heran, daß sich ein Zweig in seinem Schnabel entzündete, den er dann zur Erde zurücktrug und damit einen Holzhaufen in Brand setzte.

Die Flattersprünge der Kraniche, mal zur gegenseitigen Stimulierung von zwei Partnern, mal als Gruppenaktivität, mal als Zeichen der Erregung, mal als Drohgebärden ausgeführt, haben auf allen Kontinenten Menschen veranlaßt, es ihnen gleichzutun. Kranichtänze, wie sie heute bei besonderen Anlässen noch in der nordostchinesischen Stadt Qiqihar von Schulkindern in bunten Kostümen aufgeführt werden, gab es schon im alten China um 500 vor Christus. Die Angehörigen des Stammes der Ainu auf der nordjapanischen Insel Hokkaido nahmen für ihre Tanzfiguren die Mandschurenkraniche zum Vorbild, die für besonders gestenreiche Bewegungen bekannt sind. Verschiedene Indianerstämme Nordamerikas hatten die Schreikraniche und die Kanadakraniche als Vortänzer. In Afrika eiferten unter anderem die Zulus den Grauen Kronenkranichen und den Paradieskranichen nach, in Kamerun und im Tschad gaben die Schwarzen Kronenkraniche Inspirationen zum Tanz, und in Europa haben die Grauen Kraniche viele Völker zu schönen Tanzfiguren angeregt.

Aus den Sagen der Antike ragt der Kranichtanz von Delos heraus. Theseus soll ihn erstmalig auf der

Sehr genau hat der französische Maler Jean-Baptiste Oudry (1686–1755) seine gefiederten Modelle in Volieren und Lustgärten studiert, bevor er sie durch seine Kunst »wertvoller gemacht hat«, wie er sich ausdrückte. Kraniche hat er besonders gerne gemalt. Das 130 mal 160 Zentimeter große Ölbild *Pfefferfresser, Jungfernkranich und Kronenkranich*, heute im Eigentum des Staatlichen Museums Schwerin, entstand 1745.

Im vierten Gästezimmer von Schloß
Sanssouci in Potsdam, dem sogenannten Voltaire-Zimmer, fällt unter den
kunstvollen Holzornamenten an den
Wänden, die alle einen Bezug zur Natur
haben, ein Kranich mit gewundenem
Hals auf; er stammt wie das präch-
tige Schloß selbst aus der Mitte des
18. Jahrhunderts.

Am Stelzvogelhaus im Wiener Tier-
park Schönbrunn hat Anni Eisenmenger
1955 auf ihrem sechs Quadratmeter
großen *Assisi-Mosaik* gleich drei Kranicharten vor dem Heiligen Franziskus
Aufstellung nehmen lassen.

griechischen Mittelmeerinsel mit den sieben Jung-
frauen und den sieben Jünglingen, die er auf Kreta
vor dem Minotaurus gerettet hat, getanzt haben.
Dabei mögen ihm Kranichtänze als Anregung gedient
haben, die auf Nachbarinseln Teil des Sonnenkul-
tes waren. Mit Kranichtänzen wird noch heute in
manchen nordischen Ländern der Frühling begrüßt.
Einer der Gesellschaftstänze, der in der Zeit des
Barock seinen Weg vom französischen Königshof in
die gesellschaftliche Kultur der Nachbarländer nahm,
war der *Crue*, dessen Bezeichnung dem französischen Namen für Kranich, *Grue*, sehr nahe kommt.
Er begann mit neun Schritten – das sind so viele wie
die Kraniche in der Regel für ihren Anlauf brauchen,
bevor sie beim Auffliegen vom Boden abheben
können.

Bei Künstlern in hohem Ansehen

Im ausgehenden Mittelalter und in den ersten
Jahrhunderten der Neuzeit ist der Kranich in vielen
europäischen Ländern als Symbol sehr populär geworden. Das hat wohl weniger damit zu tun, daß
er stark bejagt und deshalb immer seltener wurde,
als vielmehr damit, daß ihn bekannte Künstler immer
häufiger darstellten. Dabei spielte auch eine Rolle,
daß Kraniche aus anderen Kontinenten als »Schmuck-
vögel« in die Lustgärten und Volieren der Königs-
und Fürstenhäuser gelangten. So bauten die Künstler, die zwischen 1215 und 1218 im Vorraum der Kir-
che von San Marco in Venedig die schönen Mosai-
ken schufen, in die Gruppe der wartenden Vögel
vor der Arche Noah nicht etwa die damals auch in
Italien noch heimischen Grauen Kraniche in ihr Kunst-
werk ein, sondern Weißnackenkraniche aus Asien.
Besonderer Beliebtheit erfreuten sich wegen ihres
schönen Gefieders Kronenkraniche und Jungfernkraniche. Während Lucas Cranach der Jüngere
(1515–1586) und Matthäus Merian (1593–1650) den
Grauen Kranich in biblische Szenen einfügten, hat
Hans Hoffmann um 1584 schon einen Kronenkranich
gemalt. Albrecht Dürer (1471–1528) hat den Kranich
auf dem *Geheimbild Kaiser Maximilians von der
Ehrenpforte* so dargestellt, wie er zu jener Zeit häufig
in Erscheinung trat: als *Grus vigilans*, als wachsamer
»Kranich mit dem Stein«. So trugen ihn Bischöfe

und Herrscher, aber auch Familien, Städte und Gemeinden in ihrem Wappen – als Zeichen der Aufgeschlossenheit, Klugheit und Fürsorge für andere.
Im 16. und 17. Jahrhundert diente er den Buchdruk-
kern als Qualitätssiegel, bis ihn die – angeblich
noch weisere – Eule als Zunftzeichen ersetzte. (Dem
geschriebenen Wort ist der Kranich übrigens dennoch erhalten geblieben. Seit 1983 vergibt der in
Darmstadt ansässige Deutsche Literaturfonds alljährlich den Kranichsteiner Literaturpreis. Er ist nach
dem bei Darmstadt gelegenen Schloß Kranichstein
benannt, auf dessen Dach ein goldener Kranich
mit einem Stein im erhobenen Fuß steht. Der Preis
besteht neben einer Geldsumme aus einem bron-
zenen Kranich, der – wie manche andere Kranich-
plastik – vom Darmstädter Bildhauer Gotthelf
Schlotter stammt.)
Auch auf vielen Bildern des 17. und 18. Jahrhunderts, als Landschaften und Stilleben die Malerei
beherrschten, sind Kraniche zu sehen. Von den
holländischen und flämischen Malern hat auffällig
häufig und gekonnt Melchior de Hondecoeter
(1636–1695), Mitglied einer Familiendynastie von
bekannten Künstlern, insbesondere Kronenkraniche
in seine »Geflügelbilder« hineinkomponiert. Der
Franzose Jean-Baptiste Oudry (1686–1755), berühmt
für Tier- und Jagdbilder, Porträts und Landschaften,
der auch viele Vorlagen für Gobelins und Porzellan
geschaffen hat, präsentiert verschiedene Arten
von Kranichen und andere »wertvolle Vögel wie kostbare Juwelen auf einem Brokatkissen«, wie es in
einem Katalog zu einer Ausstellung des Staatlichen
Museums Schwerin heißt, das eine größere Anzahl
von Oudrys Werken besitzt. Mit der – phantasievollen – Landschaft als Hintergrund seiner Bilder
will Oudry, ein Meister der Darstellung des Vogelge-
fieders, seine Tiere noch wertvoller erscheinen
lassen, »rendre valeurs aux animeaux«, wie er es
formuliert hat. Fast zeitgleich mit Oudry stellt ein
anderer Franzose, der Naturwissenschaftler und
Privatgelehrte Georges Louis Leclerc Graf von Buffon (1707–1788), in seiner an farbigen Bildern reichen *Histoire naturelle* neun verschiedene Kranicharten unter dem damals gängigen Gattungsnamen
Ardea (Reiher) vor. An präziser Wiedergabe der

FOLGENDE DOPPELSEITE
Wilhelm von Kaulbach (1805–1874),
der Hofmaler des bayerischen Königs
Ludwig I., hat bei der Illustrierung
von Goethes *Reineke Fuchs* den Kranich als »Samariter und Sanitäter«
dargestellt, der dem Wolf einen spitzen
Knochen aus dem Hals zieht.

Und es kam ihm ein spitziges Bein die Quer' in den Kragen;

Aengstlich stellt' er sich an, es war ihm übel gerathen.

Boten auf Boten sendet' er fort die Aerzte zu rufen;

Niemand vermochte zu helfen, wiewohl er große Belohnung

Allen geboten. Da meldete sich am Ende der Kranich,

Mit dem rothen Barett auf dem Haupt. Ihm flehte der Kranke:

Doctor, helft mir geschwind von diesen Nöthen! ich geb' euch,

Bringt ihr den Knochen heraus, so viel ihr immer begehret.

Also glaubte der Kranich den Worten und steckte den Schnabel

Mit dem Haupt in den Rachen des Wolfes und holte den Knochen.

Weh mir! heulte der Wolf: du thust mir Schaden! Es schmerzet!

Laß es nicht wieder geschehn! Für heute sey es vergeben.

Wär' es ein andrer, ich hätte das nicht geduldig gelitten.

Gebt euch zufrieden, versetzte der Kranich: ihr seyd nun genesen;

Gebt mir den Lohn, ich hab' ihn verdient, ich hab' euch geholfen.

Höret den Gecken! sagte der Wolf: ich habe das Uebel,

Er verlangt die Belohnung, und hat die Gnade vergessen,

Die ich ihm eben erwies. Hab' ich ihm Schnabel und Schädel,

Kraniche übertrifft der Künstler Oudry, der sowohl lebende als auch tote Vögel als »Modelle« benutzt hat, trotz der phantasievollen Komponenten in seinen Bildern, den Naturwissenschaftler Buffon bei weitem. »Naturnah« und nicht erst heute von großem Wert sind schließlich die Kranichbilder des Amerikaners John James Audobon (1785–1851) in seinem zwischen 1827 und 1838 entstandenen Werk *The Birds of America*.

Immer wieder haben berühmte Maler die Fabeln von Jean de La Fontaine (1621–1695) illustriert, in denen der Kranich mehrfach vorkommt. *Reineke Fuchs* von Johann Wolfgang von Goethe (1749–1832), ein anderes Fabelwerk der Weltliteratur, wurde in einer berühmten Münchener Ausgabe aus dem Jahre 1846 von keinem Geringeren als Wilhelm von Kaulbach (1805–1874) ins Bild gesetzt, dem Hofmaler des bayerischen Königs Ludwig I. und Leiter der Münchener Akademie. Eine klassische Szene in dieser Ausgabe zeigt den Kranich, wie er dem Wolf einen steckengebliebenen Knochen aus dem Schlund entfernt (und danach um seinen Lohn betrogen wird).

In vielen Gedichten verewigt

Goethe hat wiederholt in seinen Werken den Kranichen einen Platz eingeräumt. Im *Faust* (Erster Teil, in der Szene »Vor dem Tor«) heißt es: » Ach! Zu des Geistes Flügeln wird so leicht / Kein körperlicher Flügel sich gesellen. / Doch ist es jedem eingeboren, / Daß sein Gefühl hinauf und vorwärts dringt, / Wenn über und im blauen Raum verloren, / Ihr schmetternd Lied die Lerche singt, / Wenn über schroffen Fichtenhöhen / Der Adler ausgebreitet schwebt / Und über Flächen, über Seen / Der Kranich nach der Heimat strebt.« Und in *Die Leiden des jungen Werthers* hat sich der Protagonist »mit Fittichen eines Kranichs, der über mich hinflog, zu dem Ufer des ungemessenen Meeres gesehnt«.

Von den vielen anderen Dichtern, in deren Werken Kraniche vorkommen, können nur wenige – zum Teil mit Versbeispielen – genannt werden. Schiller und Brecht wurden schon erwähnt. Der ungarische Dichter Bálint Balassi (1554–1594) wendet sich in seinem Liebesschmerz mit sieben Strophen »An die Kraniche«. Auch Ewald Christian von Kleist (1715–1759) nimmt in seiner gereimten Fabel »Der gelähmte Kranich« den Namen des imposanten Vogels sogar in die Überschrift auf, ebenso Nikolaus Lenau (1802–1850) in seinem Gedicht »Der Kranich«. Detlev von Liliencron (1844–1909) reimt in seinem Gedicht »Märztag«: Kraniche, die hoch die Luft durchpflügen / Kommen schreiend an in Wanderzügen.« Der russische Dichter Sergej Jessenin (1895–1925), in dessen Werk die Kraniche häufiger

Im weiträumigen Hof des Verwaltungsgebäudes des Kreises Herzogtum Lauenburg in Ratzeburg bewacht ein Bronzekranich des Bildhauers Karlheinz Goedtke (1915–1995) den kleinen Kunstteich. Der Kreis hat das höchste Brutvorkommen des Grauen Kranichs in Schleswig-Holstein.

erscheinen, beschreibt sie so: »Die goldnen Schatten auf dem Herbstwald liegen, / Er sprach in seiner Birkensprache gern, / Die Kraniche, die traurig weiterfliegen, / Bedauern nichts und sind dem Schicksal fern … Ich bin allein. Ringsum der Ebne Stille, / Die Kraniche hat längst der Wind verweht, / Ich sehne mich nach meiner Jugend Fülle, / Und doch ist nichts, was mir zu Herzen geht.« Eher melancholisch läßt auch Günter Eich (1907–1972) sein Gedicht »Der Große Lübbe-See« ausklingen: »Septembertag ohne Wind, / güldene Heiterkeit, die davonfliegt, / auf Kranichflügeln, spurlos.« Schwermütig ebenfalls Ingeborg Bachmann (1926–1973) in ihrem Gedicht »Große Landschaft bei Wien«, in dem es wohl eher um einen Reiher geht: »Wo der Kranich im Schilf der flachen Gewässer / seinen Bogen vollendet, / tönender als die Welle, / schlägt ihm die Stunde im Rohr.« Heiter hingegen handeln Wilhelm Busch (1832–1908) in »Der kluge Kranich« und Eugen Roth (1895–1976) den großen Vogel ab; letzterer schildert in seinem *Tierleben für jung und alt* den Kranich als »oft sehr gespäßig, jedoch als Bote zuverlässig«.

Die Liste der Schriftsteller, die den Kranich in ihre Romane und Novellen einbeziehen oder darin ausführlicher erwähnen, ist ebenfalls lang. Sie reicht – nach einigen schon zitierten Autoren des Altertums und um nur einige weitere Beispiele zu nennen – von dem Italiener Giovanni Bocaccio (1313–1375) in *Das Dekameron* über die Russen Aleksandr Sergejewitsch Puschkin (1799–1837) und Anton Tschechow (1860–1904), die Deutschen Theodor Fontane (1819–1898), Ehm Welk (1884–1966) und Ernst Wiechert (1887–1950) bis zu dem Kirgisen Tschingis Aitmatov (geb. 1928) mit seiner Novelle *Frühe Kraniche*. Und einen unvergeßlichen Titel gab schließlich 1957 der Russe Michail Kalatosow seinem eindrucksvollen Spielfilm *Wenn die Kraniche ziehen*. Für berühmt gewordene naturkundliche Beschreibungen der Kraniche haben neben anderen der Stauferkaiser Friedrich II. (1194–1250) in seinem Buch *De arte venandi cum avibus* (*Über die Kunst, mit Vögeln zu jagen*), der Schwede Bengt Berg (1885–1967) in *Mit den Zugvögeln nach Afrika* und der Amerikaner Aldo Leopold (1887–1948) mit »Marshland

Ein vergoldeter »Kranich mit dem Stein« ziert den Giebelaufsatz des bei Darmstadt gelegenen Jagdschlosses Kranichstein aus dem 16. Jahrhundert. Als *Grus vigilans* spielte er in der europäischen Emblematik und Heraldik vom 15. bis ins 18. Jahrhundert eine wichtige Rolle. Bis heute tragen ihn seitdem Familien und Städte in ihrem Wappen, als Sinnbild für Wachsamkeit, Zuverlässigkeit, Klugheit und Sorgfalt.

Elegy« in seinem erstmals 1949 erschienenen und
mittlerweile in vielen Sprachen zum ökologischen
Kultbuch avancierten *A Sand County Almanac* gesorgt. Eine erste zusammenfassende Darstellung
aller Kraniche aus eigener Erfahrung hat in neuerer
Zeit Lawrence Walkinshaw (1904–1993), im Haupt-
beruf Zahnarzt in Michigan, mit seinen *Cranes of the
World* (1973) gegeben. Diesen Titel hat sein Lands-
mann Paul A. Johnsgard zehn Jahre später für seine
neue Monographie übernommen.

Häuptling der Vögel

Das Interesse an den beiden Kranicharten in der
Neuen Welt, dem Schreikranich und dem Kanadakranich, reicht weit zurück. Die Indianer vieler Stämme
achteten und verehrten den Kranich als »Häuptling
der Vögel« oder als »Tonangeber«. Zahllose Legenden
erzählen von seiner besonderen Stellung und seinen Verdiensten und wurden durch das Weitererzäh-

**Die eleganten Kraniche reizen auch
Kunstschmiede immer wieder, sie
abzubilden. Besonders gerne verwen-
den sie die Vogelgestalten für Türen
und Tore. Wo könnten sie besser hin-
passen als vor die Einfahrt zur International Crane Foundation in Baraboo, wo
dieses schmiedeeiserne Ensemble die
Besucher begrüßt?**

len von Generation zu Generation überliefert. »Groß-
vater Kranich« half Flüchtenden über Flüsse und
Schluchten, indem er ihnen mit seinem langen Hals
und den ausgestreckten Beinen als Brücke diente.
Im Stamm der Cree wurde besonders gerne den
Kindern das Märchen erzählt, wie das Kaninchen mit
Hilfe des Kranichs auf den Mond gekommen und dieser zum Dank dafür mit der roten Haube auf dem
Kopf belohnt worden sei. Wenn die Krieger der Stämme Crow und Cheyenne in den Kampf zogen, pfif-
fen sie auf Flöten, die sie aus den Flügel- und Bein-
knochen von Kranichen geschnitzt hatten. Neben
Adlerfedern steckten in manchem Kopfschmuck Kranichfedern. Dadurch erhofften sie für sich die Hilfe
der »Boten des Großen Manitu«, die – wenn es dann
doch anders kommen sollte und sie in der Schlacht
sterben würden – ihre Seele zu ihm tragen würden.
Die im Norden Amerikas lebenden Indianer waren
der Meinung, die Kraniche flögen im Herbst davon,
um den vergangenen Frühling zu suchen, den sie
ja dann bei jeder Rückkehr auch wieder mitbrachten.
Außerdem glaubten sie, daß die großen Vögel bei
ihrem herbstlichen Wegzug kleine Vögel, die den
weiten Weg aus eigener Kraft nicht schaffen könnten, in ihrem Gefieder mitnähmen. Zu dieser Annah-
me kamen die Indianer durch die hohen zirpenden
Laute der Jungkraniche des jeweiligen Jahrgan-
ges, die wie das Zwitschern von Singvögeln klingen.
Bei einigen Indianerstämmen hießen die unsichtba-
ren Mitreisenden zwischen den Kranichfedern »Vögel
auf dem Kranichrücken«. Ende des 19. Jahrhunderts
waren nordamerikanische Naturkundler von diesem vermeintlichen Phänomen so beeindruckt, daß
sie es ernsthaft in Fachzeitschriften diskutierten.
Auch weiter im Süden Nordamerikas galten die Kraniche als etwas ganz Besonderes. Tecumseh, der
berühmte Häuptling der Shawnee-Indianer, berief
sich auf die »Kraft des Kranichs«, als er sich seit
etwa 1805 darum bemühte, die Stämme des Mittel-
westens und Südostens im Kampf gegen die vor-
dringenden weißen Siedler zu verbünden. Die *crane
power* hat ihm nicht geholfen. Die geheimnisvolle
Macht der Kraniche spiegelt sich auch in den Darstellungen von Kranichen auf Totempfählen wider.
Selbst in Mexiko, wo sie überwinterten und früher

Der Kranich als Beschützer: Auf dem
Bild mit dem Titel *Persönliche Medizin*
von Jerry Ingram aus dem Jahr 1982
trägt ein zum Kampf bereiter Crow-
Indianer auf seinem Schild neben Her-
melinfellen, Pferdehaar und Gräsern
als Schutz vor dem Feind auch den Kopf
und Hals eines Schreikranichs mit
Adler- und Krähenfedern.

Der in Frankfurt lebende russische Künstler und Kranichforscher Sergej W. Winter sägt, schnitzt, schleift und schmirgelt aus Baumwurzeln, Ästen und Stämmen Tiergestalten; seine besondere Vorliebe gilt dabei den Kranichen, die er in zahlreichen Skulpturen dargestellt hat.

auch gebrütet haben sollen, galten sie mancherorts als »Vögel der Weisheit«. Die Azteken sollen sich selbst »Kranichmenschen« genannt haben. Früher, als vieles in ihrem Verhalten noch nicht erklärbar war, müssen die Kraniche noch weit mehr Faszination auf den Menschen ausgeübt haben. Das zeigen historische Belege aus allen Ländern, in denen es die Vögel gab und gibt. Afrika, in dem – die Wintergäste einbezogen – sechs Arten vorkommen, macht da keine Ausnahme. Dort, wo in vielen Gegenden heute noch Zauberei und der *witch doctor* eine große Rolle spielen, wurde den meisten

Tierarten im Verhältnis zum Menschen ihre eigene Bedeutung zugemessen.

Daß der Kronenkranich mit seinem auffälligen Gefieder und Kopfschmuck die Position des »obersten Vogels« einnahm, verwundert nicht. Seine Krone soll die Art übrigens nach einer Sage von einem König erhalten haben, den ein Trupp von Kranichen vor dem Verdursten in einer Wüste gerettet hatte. Bei den Zulus in Südafrika galt der »Königsvogel« als Wächter des Feldes, der den übrigen Vögeln ihre Ration zuteilte und darauf achtete, daß für die Bauern genug übrigblieb. Heute ist es eher so, daß die mei-

sten auf und vom Land lebenden Menschen selbst den Kronenkranichen kaum ein einziges Korn gönnen; besonders die Besitzer kleiner Landflächen versuchen, ihre Äcker »kranichfrei« zu halten (was ihnen bei den oftmals schweren Lebensbedingungen nicht zu verdenken ist). Mißgunst beherrscht auch eine aus dem Tschad überlieferte Geschichte von einer Kronenkranichfrau: Sie hat sich die Gunst des Häuptlings erworben und wird deshalb von der Rhesusäffin bekämpft. Auf die Fabel vom Kampf der Kraniche mit den Pygmäen wurde bereits auf Seite 167 eingegangen.

Kraniche aus Schrott sind in Südafrika zu einem Exportartikel geworden. Die modernen Kunstwerke verhelfen ihren Urhebern zu einem Einkommen, und von einem Teil der Erlöse profitiert der Kranichschutz im Land.

In der Werbung sehr beliebt

Es konnte nicht ausbleiben, daß die Kraniche, die seit Jahrtausenden Dichter, Denker, Märchenerzähler und Naturforscher dermaßen für sich einnehmen, auch von der Werbung entdeckt wurden. In vielen Variationen und für allerlei Zwecke werden die schmucken Vögel dem Publikum präsentiert. Nicht zuletzt tragen mindestens sechs Fluglinien, die Lufthansa unter ihnen am längsten, den Kranich, unterschiedlich stilisiert, am Leitwerk ihrer Flugzeuge. Die Lufthansa wird dermaßen stark mit ihrem (in künstlerischer Überhöhung mit einer »Reiherfeder« am Kopf geschmückten) Wappenvogel identifiziert, daß sie in der Presse häufig als »Kranich-Linie« oder einfach als »der Kranich« betitelt wird. Auch intern spricht man von »unserem Kranich«. Da ist es nur erfreulich konsequent, daß sich das Unternehmen seit Jahrzehnten weit über Deutschland hinaus für den Kranichschutz stark macht und viele entsprechende Aktivitäten unterstützt. Eine Renaissance als Wappentier erlebt der Kranich in jüngster Zeit in Südafrika. Dabei führt der *Blue*

Uganda führt den Kronenkranich als Wappenvogel auf seiner Nationalflagge.

Crane (Paradieskranich) als Nationalvogel zwar die Liste an, doch der Graue Kronenkranich folgt ihm dicht auf dem Fuß. Nicht wenige Hotels, Restaurants und Firmen werben mit dem attraktiven Aussehen beider Arten. Da hat der Klunkerkranich, wenngleich er der größte und auch nicht eben häßlich ist, das Nachsehen. Immerhin prangt er dort, wo er im Land noch in geringer Zahl vorkommt, besonders häufig auf Schildern des Naturschutzes.

Die Markanyds Kommun in Schweden hat als Hoheitszeichen einen Kranich mit zwei Posthörnern gewählt.

LINKS
»Kranichblume« nennen die Südafrikaner die ursprünglich in ihrem Land beheimatete Strelitzie, da der Blütenstand dieser exotischen Pflanze, die auch als Paradiesvogelblume bekannt ist, an den Kopf eines Kranichs erinnert.

RECHTE SEITE UNTEN
Die Lufthansa hat ihr Symbol mit der stilisierten Feder am Kopf seit der Gründung im Jahr 1926 kaum verändert und ist stets gut damit geflogen.

Die Shanghai Airlines (Abbildung oben) und die polnische Fluggesellschaft LOT (Abbildung Mitte) vertrauen – neben Uganda Airlines und Xiamen Airlines – auf die Begleitung künstlerisch gestalteter Kraniche an ihren Flugzeugen.

Die Japan Airlines sind viele Jahrzehnte lang mit einem klassischen Kranichmotiv aus der fernöstlichen Kunst an ihren Maschinen geflogen, doch jüngst hat modernes Design das Kranich-Logo bei der JAL abgelöst.

Die Schönheit der Kraniche reizt immer
wieder die Gestalter von Briefmarken
und die Postverwaltungen vieler Länder, die Vögel darzustellen und als Botschafter ihres Landes auf die Reise zu
schicken – selbst dann, wenn es bei
ihnen außer in Zoos gar keine Kraniche
gibt. Beispiele dafür sind die Brief-
marke aus Singapur mit afrikanischen
Kronenkranichen oder die aus Haiti,
die den nordamerikanischen Schreikranich zeigt. Die auf diesen beiden Seiten abgebildeten Marken sind bis auf
wenige Ausnahmen Bestandteil einer
Sammlung der International Crane
Foundation.

CANADA POSTAGE
POSTES
WHOOPING CRANE
GRUE BLANCHE
5¢

TIMBRE TAXE
Grue cendrée
POSTES
0F50
REPUBLIQUE
ISLAMIQUE DE MAURITANIE

REPUBLIQUE DU MALI
150F
POSTES 1994
La Grue couronnée Balearica pavonina

CROWN BIRD
REPUBLIC OF
NIGERIA
1/3
MAURICE FIEVET

PAKISTAN
Rs.3
SIBERIAN CRANE
Grus leucogeranus

ANTHROPOIDES VIRGO
1999
FLCORUL MIC
2L
MOLDOVA

Postes
CAPEX'87
Balearica pavonina
1987
0,80 RIEL
R.P.KAMPUCHEA

SVERIGE 1 KR

日本郵便
50
NIPPON
タンチョウ・北海道

ประเทศไทย
2
POSTAGE
THAILAND

South Africa
R1

GOURDES 5
AVION
GRUS AMERICANA
(WHOOPING CRANE)
1975
REPUBLIQUE D'HAÏTI

BALEARICA PAVONINA
5¢
singapore

المملكة المغربية
البريد
2,00
POSTES
Anthropoides vigo (Demoiselle de Numidie)
ROYAUME DU MAROC

대한민국 우표
제주두루미
REPUBLIC OF KOREA 20

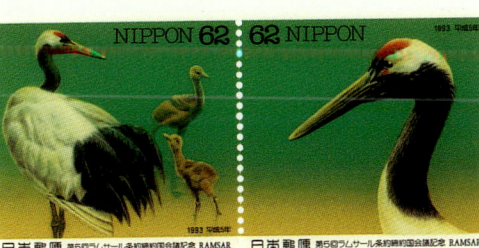

NIPPON 62   62 NIPPON
1993
日本郵便 第5回ラムサール条約締約国会議記念 RAMSAR   日本郵便 第5回ラムサール条約締約国会議記念 RAMSAR

Symbole des Internationalen Naturschutzes

Leitarten für vielfältige Lebensgemeinschaften und Biotope

Alle Kraniche sind in der meisten Zeit ihres Lebens auf Wasser angewiesen. Manche, wie die sibirischen Nonnen- oder Schneekraniche, die amerikanischen Schreikraniche und – etwas weniger intensiv – die afrikanischen Klunkerkraniche, brauchen Feuchtgebiete zum Brüten, zur Nahrungssuche und zur Nachtruhe – eigentlich also 24 Stunden am Tag, das ganze Jahr hindurch. Kurze Ausnahmen bestätigen die Regel. Die übrigen acht *Grus*-Arten (Kanadakranich, Saruskranich, Brolgakranich, Weißnackenkranich, Mandschurenkranich, Schwarzhalskranich, Mönchskranich und Grauer/Eurasischer Kranich) und die beiden *Balearica*-Arten (Grauer Kronenkranich und Schwarzer Kronenkranich) sind – vor allem außerhalb der Brutzeit – häufiger tagsüber auf Feldern, Graßländereien und Steppen zu beobachten. Und viele halten sich gerne auf den von Menschen eingerichteten Fütterungsflächen auf. Das tun zwar auch die beiden *Anthropoides*-Arten, wenn ihnen solche angeboten werden, doch Jungfernkraniche und Paradieskraniche brüten sogar auf dem Trockenen. Zum Trinken, oft mit einer Mittagspause verbunden, und für die Nacht kommen selbst sie nicht ohne Wasserflächen aus.

Vom Wasser als Quelle jeglichen Lebens hängen – neben dem Menschen – alle Tiere und Pflanzen ab, doch es ist unterschiedlich verteilt auf der Erde. Mehr als eine Milliarde Menschen etwa haben, einem Bericht der UNO aus dem Jahr 2004 zufolge, nicht genug Trinkwasser, und noch mehr haben zumindest kein sauberes. Da fällt es nicht schwer, sich vorzustellen, wie es vielen Tieren geht, für die das Wasser neben dem Trinken und Reinigen auch in anderer Hinsicht überlebenswichtig ist. Ihnen dienen weiträumige Wasserflächen als Rückzugsmöglichkeit vor Bodenfeinden, als Nahrungsbasis und als Vermehrungsraum. Die Kraniche stehen dabei stellvertretend für ungezählte Arten, die ähnliche Lebensbedürfnisse haben, aber nicht so auffällig und so mobil sind wie sie. Für Naturschützer ist es eine Binsenwahrheit, daß freilebende Tiere und Pflanzen nur existieren können, wenn der Mensch ihnen genügend natürlichen und für ihre Bedürfnisse geeigneten Lebensraum erhält und – bei den vielen heute von ihm ausgehenden Bedrohungen – sich aktiv für den Schutz solcher Lebensräume einsetzt. Da wird schnell klar, welche weitreichenden positiven Auswirkungen der Kranichschutz auf eine Vielzahl ans Wasser gebundener Lebensgemeinschaften verschiedenster interspezifischer Zusammensetzung und Abhängigkeit hat. Damit sind die allenthalben gut sichtbaren Kraniche als Bio-Indikatoren für intakte wasserreiche Landschaften zu Leitarten von außergewöhnlicher Bedeutung geworden: Wo Kranichen Lebensmöglichkeiten eingeräumt bleiben oder werden, profitieren davon neben der nur in Dauernässe oder -feuchtigkeit existierenden Pflanzenwelt ein Heer von Kleinstlebewesen und ein buntes Kaleidoskop von Insekten, Amphibien, Reptilien (Kriechtiere), Krebsen, Muscheln, Schnecken, Fischen, Säugetieren und Vögeln. So werden die Kraniche in ihren heimischen Gefilden zu Garanten für die dortige biologische Vielfalt. Da viele ihrer Arten in der Lage sind, Landschaften als Brutareal wieder zu besiedeln, aus denen sie wegen einer Verschlechterung der »naturräumlichen Ausstattung« abgewandert, das heißt vom Menschen verdrängt worden sind, lassen sich mit der Schaffung neuer oder mit der Wiedervernässung ehemaliger Feuchtgebiete wie Moore, Erlenbrüche, Naßwiesen und Flachseen mit benachbarten Nahrungsflächen nicht nur Kraniche zurückholen (sofern für sie ein genügend großer Populationsdruck in benachbarten Landschaften vorhanden

Im flachen Cheffe See, gut 50 Kilometer südlich von Addis Abeba, übernachten in den Wintermonaten manchmal über 10 000 Graue Kraniche gemeinsam mit Weißstörchen, Pelikanen und Löfflern. Im Morgengrauen werden sie häufig von Bauern mit Peitschenknallen vertrieben. Das schadet mehr als es nützt, denn die Kraniche fliegen dann umso früher im Umkreis von 50 Kilometern auf die Felder zur Nahrungssuche.

ist und sie in den neu besetzten Lebensräumen nicht zu vielen Störungen ausgesetzt sind), sondern es siedeln sich viele weitere Arten neu an. Selbst wenn es sich nur um relativ kleine Inseln des Lebens handelt, in denen sich Kraniche zeitweilig im Jahr niederlassen, so ist vor ihnen bereits eine Vorhut verschiedener Tiere und Pflanzen am Platze, und es folgen ihnen mit Sicherheit etliche nach – wenn der Mensch sie nur läßt oder gar fördert.

Intensive Zusammenarbeit

Fast alle Kranicharten führen ein internationales Leben. Sie nehmen keine Rücksicht auf Staatsgrenzen. Für sie zählt allein, ob eine Landschaft ihren Bedürfnissen entspricht, ob sie sich zur Brut, für einen Aufenthalt zwischen den regionalen Wanderungen, für den Verlauf der Zugrouten, als Rastraum oder als Überwinterungsgebiet eignet. Naturschützer, die ihre Arbeit vornehmlich auf die Kraniche ausrichten, diskutieren längst nicht mehr darüber, in welchem Land die Kraniche »zu Hause« sind oder gar, wem sie »gehören«. Kraniche sind, sofern sie nur eine einzige Grenze überfliegen, Weltbürger und damit internationales »Naturgut«. Viele der reisefreudigen Kraniche belassen es nicht bei zwei Ländern, auf oder über deren Territorium sie sich

bewegen. Nicht selten sind es ein halbes Dutzend und mehr.

Überall, wo sie sich aufhalten – sei es zur Brut, auf dem Durchzug oder in ihren Winterquartieren –, gibt es mittlerweile Menschen, denen das Schicksal der »Vögel des Glücks« am Herzen liegt. Waren es bis etwa 1975 in den Kranichländern eher noch einzelne Vogelkundler oder kleine Gruppen von Naturschützern, die sich um das Schicksal der langbeinigen Gefiederten sorgten und sich um mehr Kenntnisse über ihr Leben bemühten, so hat sich daraus in den letzten dreißig Jahren ein großer internationaler Verbund aus Kranichkennern und -schützern entwickelt. Nicht wenige von ihnen nennen ihre Leidenschaft für die Vögel selbstironisch »Kranichmanie« und bezeichnen sich gegenseitig als *crane maniacs*, die laufend andere Menschen mit dem »Kranichvirus« infizieren und so für fortlaufende Vergrößerung der Gemeinde von Kranichliebhabern sorgen. Aus mancher anfänglichen Beobachterin oder manchem Beobachter wird mit der Zeit eine engagierte Förderin oder ein Förderer des Kranichschutzes.

Dank Internet und E-Mail können heute neugewonnene Kenntnisse aus dem Kranichleben und Informationen über Zahlen und Aufenthaltsorte während

Ein Jungkranich »drückt sich« im hohen Gras einer Wiese und ist von den Beringern nur schwer zu entdecken.

des Zuges, aber auch zu aktuellen Bedrohungen und Unfällen über ein spezielles elektronisches Kranich-Netzwerk in kürzester Zeit verbreitet werden. Schnell kann da ein internationaler Protest organisiert werden, wenn die Kraniche irgendwo Fürsprache brauchen. Und mehr als einmal hat es sich schon gezeigt, daß Politiker sensibler reagieren, wenn sie aus anderen Ländern darauf hingewiesen werden, daß die in ihren Grenzen weilenden Kraniche nicht Länderangelegenheit, sondern Teil des internationalen Naturerbes sind. So etwa erwarten die Repräsentanten Skandinaviens, Polens oder Deutschlands, wo die Kraniche brüten und geschützt sind, von Frankreich und Spanien, wo die Grauen (Eurasischen) Kraniche überwintern, daß sie hier ebenso unter Schutz stehen. Und wenn die Regierung der russisch-sibirischen Teilrepublik Sakha (Jakutien), in der fast die gesamte Weltpopulation des Schnee- oder Nonnenkranichs brütet, sich Sorgen um den Erhalt von deren chinesischem Winterquartier macht, dann wird schon mal eine diplomatische Note zwischen den zuständigen Ministerien oder, wenn das nichts bewirkt, zwischen den Staatskanzleien ausgetauscht.

Einen wesentlichen Anteil an der grenzüberschreitenden und interkontinentalen Zusammenarbeit der meisten Kranichkenner und -schützer dieser Welt hat die in Baraboo im US-Bundesstaat Wisconsin ansässige International Crane Foundation (Internationale Kranichstiftung). Unter ihrem Kürzel ICF hat sie sich seit ihrer Gründung im Jahr 1973 weltweit hohe Anerkennung erworben. (Auf sie wird im Kapitel »Die Kranichdiplomaten von Baraboo«

Sobald der Jungkranich gefunden ist, beginnt die Beringermannschaft unter der Leitung von Günter Nowald ihre Arbeit mit dem Wiegen und Vermessen des Vogels. Da jeder im Team seine Handgriffe beherrscht, dauert es selten länger als zehn Minuten, bis der junge Kranich wieder in Freiheit ist.

ausführlicher eingegangen.) Diese Zusammenarbeit unter den Kranichschützern ist auch dringend notwendig. Denn die Lebensumstände der langbeinigen Vögel sind irgendwo immer im Wandel begriffen. Und die Menschen, die sich für sie verantwortlich fühlen, müssen ständig bereit sein, schnell zu reagieren. Da kann es darum gehen, nach Alternativen für einen nicht mehr geeigneten Zwischenlandeplatz zu suchen oder sich für die Erhaltung eines von der Bebauung bedrohten winterlichen Rastgebietes einzusetzen, einen Windpark oder den Einsatz von nächtlichen Laserscheinwerfern auf dem Hauptzugweg zu verhindern, für die richtige Höhe des Wasserpegels in einem Schlafgewässer zu sorgen oder die Wiedervernässung eines trockengelegten Brutbiotops eigenhändig zu betreiben. Die Herausforderungen sind überall ähnlich. In weniger besiedelten und ausgebeuteten Landstrichen sind Lösungen leichter zu finden als dort, wo mehr Menschen wohnen und arbeiten. Wichtig ist bei jeder Schutz-Initiative stets eine gute Öffentlichkeitsarbeit, für die sich Kraniche besonders gut eignen, denn die attraktiven Vögel erzeugen bei vielen Menschen eine Menge *Goodwill*.

Kraniche erweisen sich als kooperative Schützlinge. Bei aller Traditionstreue, die sie in ihrem Familien- und Verbandsleben an den Tag legen, sind sie äußerst lern- und anpassungsfähig, manchmal geradezu opportunistisch. Nur so ist zu erklären, daß sich innerhalb weniger Jahre das Zugverhalten Zehntausender von Vögeln stark verändern kann, daß sich ihre Wanderwege in Europa, Asien und Afrika mitunter um viele hundert, wenn nicht gar tausend Kilometer verschieben. Oft haben solche Veränderungen ihre Ursache in einem Wechsel der landwirtschaftlichen Praxis oder im großräumigen Wandel des Wasserregimes in den Überflug- und Rastgebieten. Dann ist schnelles Handeln gefragt, selbst wenn es zunächst nur darum geht, Menschen in den Gegenden zu sensibilisieren, in denen Kraniche erstmals während des Zuges auftauchen oder im Winter für längere Zeit verweilen oder in die sie ihr Brutareal ausdehnen. Auch dafür erweist sich die enge Vernetzung und die Kommunikation der Kranichschützer untereinander als segensreich.

Ohne sie wäre schließlich auch die Kennzeichnung einzelner Vögel mit farbigen Ringen an den Beinen und ihre Ausstattung mit leichten Sendern wenig sinnvoll. Dank dieser weltweit eingesetzten Technik hat das Wissen über die Kraniche in den letzten zwanzig Jahren gewaltig zugenommen und der grenzüberschreitende Kranichschutz enorme Fortschritte gemacht.

Farbringe und Satelliten helfen bei der Kranichforschung

Die Fangaktion mutet wie ein polizeilicher Einsatz unter höchster Geheimhaltungsstufe an. Fünf grün und tarnfarben gekleidete Gestalten schleichen am frühen Nachmittag in leicht versetzter Ordnung durch einen Mischwald südöstlich von Stralsund nahe der mecklenburgischen Ostseeküste auf einen Wiesenrand zu. Bevor sie dort ankommen, lösen sich zwei der Personen und pirschen in jeweils andere Richtung parallel zur Waldkante, von den Baumstämmen gut gedeckt. Die beiden letzten Mitglieder der Gruppe bleiben hinter einer dicken Eiche stehen, während der Anführer sich geduckt langsam dem Rand der Wiese nähert, wobei er sich immer wieder mit dem Fernglas vergewissert, daß er von denen, die etwa 150 Meter entfernt im gut kniehohen Gras stehen, nicht gesehen wird. Immer wieder muß der Gruppenleiter verharren, wenn einer der langen Hälse im Grünland ruckartig nach oben fährt. Schließlich postiert er sich hinter einem Baum am Wiesenrand, baut ein bis dahin am Trageriemen umgehängtes Spektiv auf, richtet es auf die Wiese und schaltet sein Funksprechgerät ein. Mit gedämpfter Stimme fragt er die beiden Pirschgänger nach ihrer Position. »Könnt Ihr die Kraniche sehen? Wie weit seid Ihr entfernt?« Thomas Fichtner hat sich auf etwa 50 Meter an das Kranichpaar mit einem Jungen herangearbeitet, von diesen unentdeckt. Andreas Pschorn kommt ihnen nicht näher als knapp 100 Meter, ohne entdeckt zu werden.

Zangenartig haben sich die beiden »Läufer« über eine halbe Stunde an die Kranichfamilie herangeschlichen, die in der Wiese nach Futter sucht. »Okay, ich kann sie von hier aus gut sehen. Also bei drei:

Zugriff!« Günter Nowald spricht langsam die Zahlen in sein Gerät, während er durch sein Spektiv die Vögel im Blick behält. Bei drei springen Thomas und Andreas aus ihrer Deckung und laufen mit höchster Geschwindigkeit aus entgegengesetzter Richtung auf die Kraniche zu. Anja Kluge und Ehrhardt Hohl, die beiden rückwärts im Wald wartenden Gruppenmitglieder, haben die Verständigung über das Funksprechgerät mitgehört und preschen ebenfalls los. Nachdem sie den Waldrand erreicht haben, hasten sie dorthin, wo jetzt Thomas und Andreas systematisch den hohen grünen Bewuchs durchsuchen. Sie werden dabei von Günter Nowald per Funk dirigiert, der im Auge behalten hat, wo etwa sich der noch flugunfähige Jungvogel nach kurzer Flucht niedergesetzt hat. Seine Eltern sind bei dem überraschenden Überfall erschrocken aufgeflogen und haben nach zwei Kreisen in der Luft erst einmal das Weite gesucht. Ihrem Jungen haben sie dabei mit rauh klingenden Rufen und knurrenden Lauten zu verstehen gegeben, daß es sich drücken soll. Alles muß jetzt schnell gehen. Doch hier sind Profis am Werk. Günter Nowald, Leiter des Kranich-Informationszentrums im mecklenburgischen Groß Mohrdorf überlistet seit 1994 mit einem Team von Helfern in jedem Sommer von Mitte Juni bis Anfang August zwischen 20 und 30 Jungkraniche und einige während ihrer Vollmauser flugunfähige Altkraniche, um sie zu beringen. Den besonders schweren und kräftigen unter ihnen bindet er zusätzlich 65 Gramm leichte Sender auf den Rücken. Mit dieser Kennzeichnung und Ausrüstung sammeln die Kranichschützer Kenntnisse über die Verbreitung, die Lebensdauer, die Nahrungsaufnahme, das Brut- und Territorialverhalten, die Paartreue, die Zugwege und die Winterquartiere von *Grus grus*, dem im nördlichen Eurasien verbreiteten Grauen Kranich. An geeigneten Fanggründen haben Günter Nowald und sein Team keinen Mangel. Ornithologen, Förster und Jäger geben ihnen in jedem Frühjahr nützliche Hinweise auf die Besetzung von Brutrevieren und den Bruterfolg im östlichen Mecklenburg und in Vorpommern. So wurde ihnen auch vor wenigen Tagen vom zuständigen Förster die jetzt aufs Korn genommene Kranichfamilie per Telefon bestätigt. Die beiden

Altvögel mit dem etwa achtwöchigen Jungen ständen wie in den Jahren zuvor meistens auf der Waldwiese. Diese sei wegen des vielen Regens noch nicht gemäht worden, hatte es geheißen. Und so macht es das halb erwachsene Kranichküken seinen Beringern nicht leicht. Flach ins hohe Gras gedrückt liegt es mit ausgestrecktem Hals bewegungslos und hebt sich mit seinem graubraunen Gefieder kaum vom Untergrund ab. Doch Geduld führt auch dieses Mal zum Ziel: Nach gut fünf Minuten intensiver planmäßiger Suche der Gruppe entdeckt Thomas den Jungkranich nur einen Meter vor sich. Wie fast immer wird der gesuchte Vogel doch etliche Meter vom vermuteten Platz entfernt gefunden. Aus der Ferne mit dem Glas oder Spektiv beobachtet, verschieben sich für das menschliche Auge die Abstände. So kommt es immer wieder vor, daß die Kranichmannschaft nach halbstündiger Suche unverrichteter Dinge aufgeben muß, weil sie den Jungvogel oder gar das Geschwisterpaar nicht gefunden hat. Und länger als etwa dreißig Minuten wollen die Beringer die Jungen nicht dem Streß der Trennung von ihren Eltern aussetzen.

So lange dauert die auf die Entdeckung folgende Namensgebung, die Aufnahme der persönlichen Daten und die Kennzeichnung nicht. Jeder im Team hat seine klar umrissene Aufgabe und jeder Handgriff sitzt. Vier Hände packen den Jungkranich und legen ihn mit dem Rücken auf die mitgebrachte Zeltplane. Günter Nowald streift ihm eine dunkle Stoffhaube über Schnabel und Kopf. Augenblicklich beruhigt sich der Vogel, zumindest äußerlich. Die Helfer schlagen die Plane über ihm zusammen und hängen das ganze Paket an eine Zugwaage: 3952 Gramm, ohne die Zeltplane – ein stattliches Gewicht. In etwa zwei Wochen wird der Vogel flügge sein, darauf weisen seine schon recht weit entwickelten Handschwingen hin. Dann hätten die Fänger keine Chance mehr, ihn zu erwischen. So ist es der Beringertruppe erst vor kurzem ergangen: Nach sechsstündiger Vorbereitungszeit flog während des »Zugriffs« der Jungvogel mit seinen Eltern auf und davon und ließ die überraschten Verfolger am Boden zurück. Sie hatten das Alter ihres Fangopfers falsch eingeschätzt. Und auch das kann passieren: Wiegt

Um dem Jungkranich den Anblick der Menschen und damit Aufregung und Angst zu ersparen, zieht ihm Beate Blahy vom brandenburgischen Beringerteam nach dem Fang für einige Minuten einen dunklen Wollsocken über den Kopf (oben). Nach der Erfassung aller Daten legt Eberhard Henne ihm den Aluminiumring der Vogelwarte und die farbigen Plastikringe um die Beine (Mitte). Zwillingspaare werden am Fangort immer gemeinsam wieder freigelassen (unten).

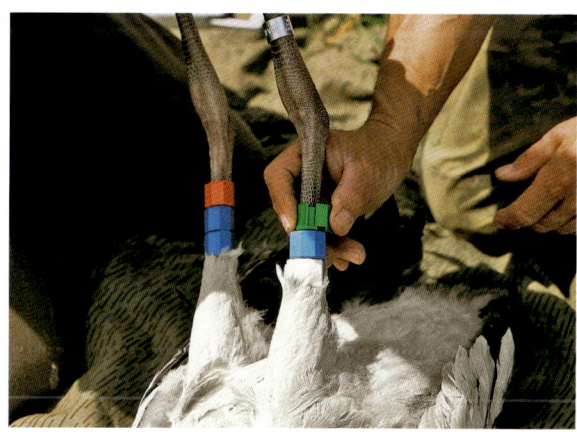

ein Jungkranich nicht mindestens zwei Kilogramm, bleibt er von Ringen verschont und die Jagd war ebenfalls vergebens. Vögel unter drei Kilogramm sind für einen Sender nicht geeignet. Am liebsten sind den Kranichfängern solche Jungen, die im Alter von acht bis neun Wochen in wenigen Tagen flügge werden. Wenn von Nachgelegen (Ersatzbruten) die Küken erst im Juni schlüpfen, kann eine Fangaktion sogar noch Mitte August Erfolg haben.

Jetzt stimmen die Voraussetzungen. Über dem Fuß am linken Ständer des Kranichs befestigt Günter Nowald zunächst einen schmalen Aluminiumring der Vogelwarte Hiddensee. Er trägt zwei Buchstaben und drei Zahlen. Damit ist der Vogel amtlich gekennzeichnet. Dann folgen um jedes Bein oberhalb des Fersengelenks drei breite achtkantige Kunststoffringe übereinander. Es bedarf einiger Kraftanstrengung, damit die eigens für die Kraniche von der Vogelwarte Radolfzell entwickelten Abzeichen mit hörbarem Klicken zusammenschnappen. Die Ringe gibt es in sechs Farben, die in unterschiedlichen Kombinationen angelegt werden. Dabei achten die Beringer darauf, daß nicht zweimal dieselbe Farbe übereinander gerät. Da in verschiedenen europäischen Ländern mit denselben Ringen gearbeitet wird, haben sich die Kranichschützer in der European Crane Working Group auf ein System mit länderspezifischen Codes geeinigt: Der obere Ring am linken Bein trägt die Landesfarbe, für Deutschland ist das blau. Da sowohl in Mecklenburg-Vorpommern (wo schon 1989 mit der ersten Beringung begonnen wurde) als auch in Brandenburg Kraniche seit

1994 regelmäßig nach europäischen Richtlinien gekennzeichnet werden, gibt es noch eine Unterkennzeichnung. Brandenburgische Kraniche tragen links blau-rot-blau oder blau-blau-rot, mecklenburgisch-vorpommersche blau-schwarz-blau. Für das rechte Bein wird eine noch freie Farbkombination zur individuellen Markierung ausgewählt.

Bei der Namensgebung müssen sich die Beringer immer wieder etwas Neues einfallen lassen, denn von 1994 bis 2005 waren es 314, die sie allein in Mecklenburg-Vorpommern benennen mußten. Knapp die Hälfte von ihnen hat außer den Ringen einen Sender erhalten. Während er dem Jungkranich, der wegen des nahenden Gewitters *Thunder* heißen soll, mit einem schwarzen Hosengummiband den 230 Euro teuren Sender mit einer kurzen Antenne um den Rumpf hinter den Flügelansätzen umbindet, erzählt Günter Nowald von seinen beiden bisher prominentesten Namensträgern. Am 17. Juli 2003 fing er mit seiner Gruppe südöstlich von Rostock ein Geschwisterpaar. Da beide Jungvögel mit 4600 und 4350 Gramm für ihr Alter ziemlich schwer waren, wurden sie als Männchen eingestuft. (Eine Geschlechtsbestimmung ist in diesem Alter nur über eine Blutprobe möglich.) Der schwerere Jungkranich bekam die individuelle Farbkennzeichnung

OBEN

Die damalige indische Ministerpräsidentin Indira Gandhi übernahm höchstpersönlich die Schirmherrschaft für das erste ganz große internationale Treffen von Kranichschützern, das 1983 im Nationalpark Keoladeo bei Bharatpur/Rajasthan stattfand. Neben den Initiatoren George Archibald (ganz links am Tisch) und Ronald Sauey (ganz rechts) sowie ranghohen indischen Politikern saß der damals schon über neunzigjährige weltbekannte Ornithologe Sálim Ali (vierter von links am Tisch, mit Bart) auf dem Podium.

LINKS

George Archibald (links) und James Harris von der International Crane Foundation mit einem jungen freilebenden Kanadakranich in Wisconsin (siehe Seiten 221 ff.).

rot-blau-grün, der leichtere schwarz-rot-gelb. Da hatte einer aus der Gruppe schnell die passenden Namen parat: »Joschka« nach dem deutschen Außenminister und Grünenpolitiker Joschka Fischer und »Schröder« nach dem deutschen Bundeskanzler Gerhard Schröder. Beide flogen im Herbst mit ihren Eltern nach Südwestfrankreich, wo sie in der Region Landes de Gascogne überwinterten. Dank Ringablesungen und Sendersignalen wurde kurz vor Beginn des Frühlings 2004 offenbar, daß sich Joschka von Schröder getrennt hatte: Während Joschka am 16. März westlich von Stralsund unter vielen anderen Kranichen auf einem Acker bei Hohendorf nahe Groß Mohrdorf auftauchte, wurde Schröder noch am 16. und 17. März in der französischen Champagne zwischen Artgenossen beobachtet. Ende August 2004 tauchte er auf einem Getreidestoppelfeld zwischen Rostock und Stralsund auf und übernachtete anschließend auf der Insel Kirr im Nationalpark Vorpommersche Boddenlandschaft. Einen Monat später, am 30. September, entdeckten die Beobachter Joschka ebenfalls

wieder. Er verbrachte den Tag gemeinsam mit Schröder in großer Schar bei Pruchten in der Nationalparkregion. Im Dezember 2005 wurden beide in der Extremadura beobachtet. Joschka hielt sich – verpaart – im Mai 2006 in der Nähe seines Geburtsortes auf.

Unterdessen ist *Thunder* wieder startklar. Keine fünfzehn Minuten hat es gedauert, bis Günter Nowald schließlich auch die Flügel, die Beine und, nachdem dessen Kopf von der Haube befreit ist, den Schnabel des Jungkranichs vermessen hat. Ehe seine Überraschung, plötzlich wieder sehen zu können, vorbei ist und er vielleicht mit seinem spitzen Schnabel zuhackt, wird ihm auf die Beine geholfen. Die ersten Schritte sind noch etwas wackelig, doch dann spurtet der Jungkranich los, direkt auf den Waldrand zu. Zwischen den Erlen und Eichen werden ihn später seine Eltern wiederfinden. Manchmal finden aber auch die Kranichforscher nach einigen Tagen oder Wochen den Sender und die Ringe wieder. Wenn die Funksignale konstant von einem Ort kommen, ahnen sie bereits Schlimmes. Dann ist ihr

RECHTS
Li Fengshan, heute Koordinator des Chinaprogramms der ICF, hat als Student das Leben der Kraniche in China und Tibet intensiv untersucht. Hier horcht er im Juni 1988 in Longbaotan an den Eiern eines Schwarzhalskranichpaars, ob die Küken schon ihr baldiges Schlüpfen durch Piepslaute ankündigen.

Vogel tot, von einem Fuchs oder Marderhund ge-
rissen oder vielleicht nach dem Flüggewerden
in eine Stromleitung geraten. Ob beringt oder nicht,
mit oder ohne Sender: Mindestens 22 Prozent
aller Jungkraniche kommen, das hat die Beringung
als eines von vielen Ergebnissen gezeigt, im Alter
zwischen sechs Wochen und sechs Monaten ums
Leben. Der Verlust an Küken bis zu sechs Wochen
dürfte noch größer sein.

Daß sich auch erwachsene Kraniche beringen
lassen, beweisen seit 1994 mit besonderem Erfolg
Brandenburgs ehemaliger Umweltminister Eberhard
Henne und seine Läufertruppe. Mehr als 50 Altvögel
waren unter den 420 Kranichen, die der frühere
Tierarzt und heutige Leiter des Biosphärenreservats
Schorfheide-Chorin bis 2005 ins europäische Koor-
dinatennetz der gekennzeichneten Vögel entlassen
hat. Die meisten davon brachte er im Sommer zur
Strecke, als sie während ihrer Vollmauser wochenlang flugunfähig waren. Nur wer weiß, wie scheu
dann die Kraniche sind, wie schnell sie laufen und
wie gut sie sich »verdrücken« können, kann einen
solchen Erfolg angemessen würdigen. Neben dem
»Errennen« beherrschen Eberhard Henne und

sein Team weitere, ebenfalls von Fall zu Fall durch
die Naturschutzbehörde genehmigte Tricks: So
bauen sie in der Nähe der Schlafplätze mobile Fang-
trichter aus weichen Netzen auf. Oder sie setzen
mit einem in Maiskolben versteckten Schlafmittel
ein Kranichpaar, das keine Jungen führt, kurzfristig
außer Gefecht. Gerade solche im eigenen Revier
markierten Kraniche verraten später eine Menge
über Reviertreue und Paarbindung. Henne und seine
Kollegen haben auf diesem Weg herausgefunden,
daß es mit der viel beschriebenen lebenslangen
ehelichen Treue unter Kranichen doch wohl nicht so
weit her ist. Bei der Identifikation und Geschlech-
terbestimmung helfen auch Blutproben, die von
jedem Kranich genommen und im Berliner Institut für
Zoo- und Wildtierforschung ausgewertet werden.
Dort sind sie alle für eine spätere DNA-Analyse ein-
gefroren und warten auf einen jungen Zoologen
oder Veterinärmediziner, der sich mit ihrer Auswer-
tung seinen Doktorhut erwerben kann.

Forscherdrang ist auch gefragt, wenn es darum
geht, die zur Zugzeit auf den Feldern und an den
Schlafplätzen oftmals dicht gedrängten Kraniche mit
dem Spektiv »durchzumustern«: um die Farbkom-

Canada/U.S. Whooping Crane Recovery Team
Friends of Necedah National Wildlife Refuge
International Crane Foundation
National Fish & Wildlife Foundation
Natural Resources Foundation of Wisconsin
Operation Migration Inc.
U.S. Fish & Wildlife Service
USGS National Wildlife Health Center
USGS Patuxent Wildlife Research Center
Wisconsin Department of Natural Resources

binationen von Ringen abzulesen und mit Hilfe der
international zugänglichen Identitätsregister heraus-
zufinden, wo und wann der jeweilige Vogel beringt
wurde und mit welchem »Lebenslauf« er bisher
vielleicht schon aktenkundig geworden ist. Noch
langwieriger ist es, die individuell unterscheidbaren
Signale einzufangen und auszuwerten, die die an
den Kranichen befestigten Sender bis zu vier Jahre
lang in regelmäßigen Abständen von sich geben
und dadurch ihren Aufenthaltsort verraten. Die Kranichforscher benutzen bei ihrer Arbeit verschiedene
Sender. Von den einen nimmt ein Empfänger mit
einer Peilantenne die Signale unmittelbar auf kürzere
Distanz auf, die anderen senden ihre elektronischen
Impulse zunächst an einen Satelliten, die sie dann
in das Empfangsgerät am Boden weitergeben.
Während der Zugzeit und im Winterquartier ermit-
teln die Kranichforscher die meisten Daten. In
Spanien hilft dabei sogar regelmäßig die Luftwaffe
mit einem Aufklärungsflugzeug, denn aus der Luft
können die Funksignale von Kranichen am Boden
bis zu einer Entfernung von 50 Kilometern emp-
fangen werden, von fliegenden Kranichen sogar bis
zu 200 Kilometer weit. Geht man am Boden auf
Signalsuche, endet die Reichweite der Geräte bestenfalls bei fünf Kilometern Entfernung. Spanische
Kranichforscher helfen übrigens seit Jahren in Mecklenburg-Vorpommern bei der Beringung, während
die deutschen und skandinavischen Kollegen in
jedem Winter in Frankreich und Spanien beim Auf-
spüren »ihrer« Kraniche aktiv sind.
Neben der technischen Ausrüstung bedarf es einiger
Erfahrung, den »funkenden« Kranichen die richtigen Botschaften zu entlocken: Wo sie sich aufhalten, wie lange sie an einem Ort verweilen, in welche
Richtung sie ziehen, wie lang die Tagesetappen
sind – das alles sind Fragen mit großem Raumbezug,
auf die mit Hilfe der Satelliten-Telemetrie Antworten
gefunden werden. Die Telemetrie mit der Peilantenne indes gibt Aufklärung über die lokalen Bewe-
gungs- und Aufenthaltsgewohnheiten, die Raum-
nutzung innerhalb des Brutreviers oder am Rastplatz
oder auch über die Zusammensetzung der Paare.
Bei der Familienforschung hilft seit kurzem eine Methode zur Erkennung und Unterscheidung einzelner

Vögel an ihren individuellen Stimmen und Rufen
mit Hilfe von Sonogrammen, elektromagnetisch auf-
gezeichneten und auf Papier umgesetzten Klang-
bildern. Bernd Weßling aus Norddeutschland experi-
mentiert damit seit Jahren weltweit. An Hand ihrer
»akustischen Fingerabdrücke« lassen sich Kraniche
dort, wo ihre Beobachtung und das Unterscheiden
äußerlicher Merkmale einzelner Vögel schwierig
ist, erkennen und partnerschaftlich zuordnen. Auch
die Analyse und der Abgleich der Rufe aller fünfzehn Arten eröffnet mit dieser Technik ungeahnte
Möglichkeiten.
Doch zurück zur klassischen Spurensuche. Ohne
die zahlreichen Kraniche, die mittlerweile auf allen
Kontinenten mit einem Sender im Gefieder und
mit bunten Ringen an den Beinen umherziehen, wüß-
ten die Forscher nicht nur weit weniger über die
Kraniche, sondern es wären in der jüngeren Vergangenheit auch eine ganze Reihe von Schutzmaßnahmen zu ihren Gunsten unterblieben. Von Jahr zu
Jahr werden die Landkarten mit den eingezeich-
neten Zugwegen der einzelnen Arten bunter und
vollständiger, aber auch verwirrender. Zum einen
erkennen die Kranichschützer, wie stark die meisten
der Vögel an ihren traditionellen Reisestrecken und
Rastplätzen festhalten. Gleichzeitig entdecken sie
aber auch, daß es immer wieder »Abweichler« gibt,
die neue Kurse ausprobieren oder, ob unfreiwillig
oder von neuen Partnern dazu veranlaßt, ein neues –
von der bisherigen Heimat weit entferntes – Brutrevier oder Winterquartier wählen.

So fallen unter den europäischen Grauen Kranichen immer wieder einige auf, die in dem einen Jahr die westliche und in dem anderen Jahr die östliche Zugroute wählen. Oft handelt es sich dabei um finnische oder baltische Vögel, die somit den einen Winter nach einem Zwischenaufenthalt in Deutschland in Frankreich oder in Spanien, den anderen Winter nach einem Zwischenaufenthalt in Ungarn im mittleren Nordfafrika verbringen. Genauso gibt es unter den in Finnland und Osteuropa brütenden Kranichen solche, die mal den Baltisch-Ungarischen Zugweg bevorzugen und mal über die Ukraine, das Schwarze Meer und die Türkei nach Israel ziehen, von dort vielleicht sogar noch bis Äthiopien fliegen.

Daß einige Kraniche nach ihrem Zwischenaufenthalt in Ungarn nicht wie die meisten Artgenossen von dort über Griechenland und Süditalien nach Tunesien aufbrechen, sondern stattdessen südostwärts schwenken und über die westliche Türkei in den Nahen Osten fliegen, hat ein im südöstlichen Estland beringter und im darauf folgenden Winter in Israel »erkennungsdienstlich« erfaßter Kranich an den Tag gebracht.

Zwei im nordisraelischen Hula-Tal mit Sendern versehene weibliche Graue Kraniche haben in den Jahren 1999 und 2000 weitere interessante Reiseberichte über einen Satelliten abgeliefert: Nachdem sich Carolina zwischen dem 1. Dezember 1998, dem Tag ihrer »Besenderung«, und dem 12. März 1999 im Hula-Tal aufgehalten hatte, flog sie über den Libanon, Syrien, die Türkei, das Schwarze Meer und die Ukraine bis in die Gegend der nordwestrussischen Stadt Archangelsk, rund tausend Kilometer nordöstlich von Moskau. Mit vier längeren Zwischenaufenthalten, davon ein fünfwöchiger nördlich des Schwarzen Meeres, kam sie 72 Tage nach ihrem Aufbruch im Hula-Tal in ihrem Brutgebiet an. Von den 72 Tagen legte sie nur an 16 Tagen längere Flugstrecken von insgesamt 4616 Kilometern zurück. Im Brutgebiet hielt sie sich vom 24. Mai bis zum 14. August auf – zu kurz, um Junge aufzuziehen. So kehrte sie im November nach einer Zugdauer von 75 Tagen auch ohne Anhang ins Hula-Tal zurück. Auf dem Flug nach Süden war sie streckenweise nahezu tausend Kilometer weiter östlich als im Frühjahr gezogen, hatte den Kaukasus und irgendwo das Länderdreieck Türkei, Iran und Irak überflogen.

Ein Paar Graue Kraniche und seine beiden Jungen suchen auf einem frisch bestellten Getreidefeld in Mecklenburg-Vorpommern nach Nahrung.

Graue Kraniche fallen während ihrer
Rast an der mecklenburgischen Ostseeküste auf eigens von Naturschützern
für sie angelegten Maisäckern ein – und
werden dadurch von den Feldern der
Bauern »abgelenkt«.

Drora, das zweite Kranichweibchen, flog mit 3950 Kilometern nicht ganz so weit und hatte ihr Brutgebiet südlich von Archangelsk mit weniger Pausen bereits nach sechs Wochen erreicht. Nach 154 Tagen hatte Drora zwei Junge ausgebrütet und aufgezogen und diese, gemeinsam mit dem nicht gekennzeichneten Männchen, in nur 42 Tagen auf ähnlicher Route wie im Frühjahr erfolgreich ins israelische Winterrefugium geführt. Auch Droras Rückflug ins Brutgebiet im Frühjahr 2000 konnte noch per Satellit verfolgt werden, aber dann riß die Verbindung ab, wahrscheinlich weil die Batterien erschöpft waren.

Aufregende Reiseaufzeichnungen gibt es dank Beringung und Sendereinsatz auch von anderen Kranicharten. Russische und iranische Forscher haben mit Hilfe des Satelliten-Trackings erst 1996 östlich des Urals die weitgehend verwaisten Brutgebiete der inzwischen fast ausgerotteten (die Bezeichnung »ausgestorben« wäre falsch) westlichen Population des Schnee- oder Nonnenkranichs gefunden. Ein einziger Vogel, den die Kranichschützer mit Unter-

stützung der Wild Bird Society of Japan, der International Crane Foundation in Baraboo, dem Büro der Bonner Konvention zur Erhaltung der wandernden wildlebenden Tierarten und mehrerer Unternehmen im Januar 1996 in seinem iranischen Winterquartier im Südosten des Kaspischen Meeres fangen und mit einem Sender versehen konnten, führte sie über Umwege in den russischen Distrikt Tumenkaya etwa 250 Kilometer südlich des Ortes, an dem der Fluß Irtys in den Ob mündet. Im Januar hatte sich der von zwei zahmen Schneekranichen in eine Netzfalle gelockte Wildvogel überlisten und unfreiwillig ausrüsten lassen. Am 6. März machte er sich auf den Weg entlang der Süd- und Westküste des Kaspischen Meeres, legte Zwischenaufenthalte in Aserbeidschan und im Wolga-Delta ein und traf schließlich am 1. Mai nördlich von Tobolsk ein. Gut sieben Wochen später, am 22. Juni, überflogen die Kranichexperten Yuri Markin und Alexander Sorokin mit einem Hubschrauber das moor-, seen-, fluß- und waldreiche Gebiet, aus dem die Signale drangen, und entdeckten drei Paare, eins davon mit einem Jungvogel, und einen einzelnen Altvogel. Den Kranich mit dem Sender sahen sie zwar nicht, doch hatte er sie in das lange gesuchte Brutareal geleitet. Im selben Jahr hatte ein im Sommer 1995 etwa 600 Kilometer nördlich, am Kunovat, beringter junger Schneekranich eine bereits länger in der internationalen Kranichgemeinde gehegte Vermutung bestätigt: Er wurde im Februar 1996 im indischen Keoladeo Nationalpark bei Bharatpur in Rajasthan gesichtet und war damit der lebende Beweis dafür, daß die – damals ebenfalls schon stark im Abnehmen begriffene – »mittlere« Population von *Grus leucogeranus* am Kunovat brütete und unweit des weltberühmten Taj Mahal in Agra überwinterte.

Der Verlauf vieler weiterer langer Reiserouten von Kranichen ist mit Hilfe von beringten und mit Sendern ausgestatteten Vögeln in den vergangenen 20 Jahren bekannt geworden. Darüber hinaus wurden neben neuen Brutgebieten und Winterquartieren auch viele der entlang des Zugweges notwendigen »Trittsteine«, Zwischenstationen zur Rast, entdeckt. So wissen die Forscher, daß ein Großteil der in der Mongolei und in Teilen Chinas brütenden Jungfernkraniche in den indischen Bundesstaaten Gujarat und Rajasthan überwintern. Die im ostsibirischen Teil Rußlands nistenden Mönchskraniche und Weißnackenkraniche ziehen nach Korea und auf die südjapanische Insel Kyushu. In mehrjähriger Arbeit fanden chinesische und japanische Ornithologen heraus, daß es auch eine Kranichverbindung zwischen der chinesischen Mandschurei und Japan gibt. Ein 1984 im Winterquartier bei Izumi auf Kyushu beringter Weißnackenkranich zog mit seinem Partner in der Brutsaison 1987 im Naturschutzgebiet Zhalong in der nordostchinesischen Provinz Heilongjiang einen Jungvogel auf, der ebenfalls beringt wurde. Mit der Nummer 61 auf dem roten Plastikband am linken Bein verbrachte er den Winter 1987/88 in Gesellschaft des gelb markierten Altvogels bei Izumi.

Im Gebiet von Amur und Ussuri geschlüpfte Mandschurenkraniche ziehen in den Südosten Chinas. Einige der in Tibet brütenden Schwarzhalskraniche verbringen den Winter in Buthan, manche ihrer in

den Provinzen Qinghai und Sichuan brütenden Artgenossen fliegen innerhalb Chinas mehr als zweitausend Kilometer nach Guizhou und Yunnan. Dank Farbberingung und Satellitentechnik sind auch einige Rätsel um die Zugwege von Brolga-Kranichen innerhalb Australiens, von Paradieskranichen, Kronenkranichen und Klunkerkranichen innerhalb Afrikas sowie von Kanadakranichen und Schreikranichen in Nordamerika gelöst. Und die großen Wiederansiedlungsprojekte einzelner Arten wären ohne die optischen und telemetrischen Hilfsmittel gar nicht denkbar.

Landwirtschaft, Windkraft, elektrische Leitungen, Heißluftballons

Die wenigen Kranicharten, deren Bestand sich in den vergangenen Jahrzehnten erholt hat und deren Zahlen, und sei es nur regional, zugenommen haben, verdanken das zu einem nicht geringen Teil der Landwirtschaft. Kanadakraniche, Graue (Eurasische) Kraniche und Paradieskraniche sind besonders gute Beispiele dafür. Würden die Bauern sie nach Belieben auf ihren Feldern gewähren lassen, gäbe es auch unter den meisten anderen Arten – in welchem Land auch immer – eine kräftige Renaissance. Doch dann sähe es stellenweise mit den Ernteerträgen schlecht aus. Schon im byzantinischen Reich hatten die Bauern von der heutigen Türkei bis nach Italien die Erfahrung gemacht, »es sei besser, Felsen zu bebauen als Felder und Hügel, wo man Kraniche zu Nachbarn habe«. Die Griechen nannten sie »Schollenhacker«, »Samenräuber« und »Erntetöter« und rückten ihnen, wie später andere auch, mit Netzen, Schlingen und Leimruten auf den Leib. Bis ins 19. Jahrhundert setzten Grundbesitzer Feldhüter und Flurschützer ein, um Kraniche, Wildgänse, Tauben und Rabenvögel von den Saaten zu verscheuchen. Schulkinder wurden mit klappernden Topfdeckeln zu den Getreideschlägen abgeordnet, um die Kraniche von einer Landung abzuhalten. Im 18. Jahrhundert ordnete König Friedrich Wilhelm I. von Preußen »wegen ihres großen Schadens« die Jagd auf sie an, und es gab zeitweise Prämien für erlegte Kraniche.

Kraniche waren, wo sie in Scharen auftraten, bei den Bauern nie beliebt. Das hat sich bis heute nicht

Mit Sibirien hat der Versammlungsplatz der Grauen Kraniche, auf den dieses Schild in der Extremadura hinweist, wenig zu tun. Mehr als 50 000 überwinternde Kraniche locken Vogelfreunde aus ganz Europa in den Südwesten Spaniens und sorgen im Winter für eine zweite Fremdenverkehrssaison.

geändert. Wo an künstlich geschaffenen Wasserreservoirs *(dams)* oder auf Sandbänken in weitgehend entwässerten Flußabschnitten Tausende von Kranichen zur Nachtruhe einfallen und tagsüber in einem Umkreis von bis zu 50 Kilometern und mehr auf die Felder ausschwärmen, kommt unter Landwirten zunehmend Unmut auf. Der in jüngerer Zeit stark ausgeweitete Anbau von Mais hat vor allem in Europa kräftig zur Zunahme von *Grus grus* beigetragen und die anpassungsfähigen Tiere dazu gebracht, ihre Zugwege zu verlegen und neue Überwinterungsgebiete zu begründen.

Besonders die bis zu 150 000 Grauen (Eurasischen) Kraniche, die den »Westeuropäischen Zugweg« wählen, sorgen in manchen Regionen Schwedens, des westlichen Finnlands und Baltikums, Deutschlands, Frankreichs, Spaniens und Portugals zeitweilig für Verdruß und Spannungen zwischen Landwirten und Kranichschützern. Im mittleren und östlichen Europa fallen noch einmal etwa 100 000 weitere der

großen grauen Vögel auf ihrem »Baltisch-Ungarischen Zugweg« zwischen Finnland, den baltischen Staaten, Polen, der Slowakei, Ungarn, Griechenland und Süditalien/Sizilien vorübergehend auf Feldern ein, bevor sich ein Großteil von ihnen in Tunesien oder Algerien zur Winterrast einrichtet. Noch weiter östlich ziehen mindestens weitere 50 000 Graue Kraniche aus Rußland, Weißrußland und der Ukraine über das Schwarze Meer und die Türkei in den Nahen Osten. Sie alle machen Zwischenstation in Israel, bevor sie weiter nach Äthiopien oder in den Sudan fliegen. Überall tanken die Vögel auf. Auch außerhalb Europas gibt es nicht nur Freude mit den Kranichen. In den USA und Kanada fordern Farmer jedes Jahr Schadensersatz für Ernteausfälle oder die Reduzierung der Kleinen und der Großen Kanadakraniche. In zwölf US-Staaten und zwei kanadischen Provinzen dürfen Kleine Kanadakraniche zur Herbstzeit, kontingentiert und nach bestimmten Regeln, geschossen werden. Es kommen mehr als

25 000 pro Jahr zur Strecke, das sind etwa fünf Prozent des Bestandes der Art *Grus canadensis canadensis*. In Japan wehren sich die Bauern auf der Insel Kyushu gegen die von den Fütterungsflächen auf ihre kleinen Felder ausschwärmenden Mönchs- und Weißnackenkraniche. In Südafrika beschweren sich Getreidefarmer über winterliche Ansammlungen von mehreren hundert Paradieskranichen und Grauen Kronenkranichen auf frischen Saaten, und einige haben in der Vergangenheit sogar zur Selbstjustiz gegriffen und die Vögel rechtswidrig mit Gift bekämpft. Zwar gelten solche Aktionen in erster Linie den Nil- und Sporengänsen, gelegentlich sogar den Perlhühnern, aber die Verursacher nehmen in Kauf, daß dabei auch größere Zahlen von Kranichen einen qualvollen Tod sterben. Durch Gift, das Bauern unsachgemäß und damit illegal gegen Nagetiere auf ihren Feldern verteilt haben, sind bis in die Gegenwart auch in Deutschland wiederholt Kraniche ums Leben gekommen.

Die früher gelegentlich von Seiten des Naturschutzes geäußerte Meinung, Kraniche seien ein Teil des natürlichen Haushalts und müßten von der Landwirtschaft wie der Wechsel der Jahreszeiten hingenommen werden, gilt nicht mehr. Daß Kraniche, wenn sie in Massen zur Unzeit auf einem Feld längere Zeit ihren Hunger stillen, Schaden anrichten können, bestreitet kein ernsthafter Kranichschützer. In den meisten Ländern, in denen Kraniche in großer Zahl rasten oder überwintern, gibt es Arbeitsgruppen zwischen Bauern und Naturschützern, in denen beide Seiten gemeinsam nach Lösungen suchen. Ablenkfütterungen, mit denen Kraniche von sensiblen Feldern fortgelockt werden, vor allem in der Zeit der Aussaat oder kurz danach, wenn die frisch eingedrillten Körner für die Vögel besonders verlockend sind, können nicht überall und in vollem Umfang Abhilfe schaffen. Dennoch sorgen sie an sensiblen Orten zunehmend für Entspannung. Würden Kraniche allerdings auf Dauer wie auf dem Hühnerhof ernährt, könnten sie – so befürchten manche Naturkundler – den Charakter des Wildvogels verlieren, der ja in der Lage bleiben muß, sich das ganze Jahr hindurch selbständig ernähren zu können. Darüber hinaus wird es kaum finanziell

möglich sein, Zehn- oder Hunderttausende Kraniche bei einem täglichen Nahrungsbedarf von ungefähr 350 Gramm Getreide für längere Zeit im Jahr, insbesondere in den Rast- und Überwinterungsgebieten, durchzufüttern.

Seit Jahren diskutieren und erproben Naturschützer und Landwirte in vielen Ländern unterschiedliche Modelle, mit denen sowohl die Kraniche als auch besonders betroffene Bauern leben können. Wichtig ist zuallererst festzustellen, ob die den Kranichen zur Last gelegten Schäden auch tatsächlich von diesen stammen. Wenn das erwiesen ist, gilt es, den Umfang dieser Schäden objektiv feststellen zu lassen. Bei der unparteiischen Bestandsaufnahme kann es mal um ein einzelnes Feld, mal um eine durchschnittliche Bewertung einer Rastregion gehen, sowohl im Hinblick auf die Zahl und die Aufenthaltsdauer der Kraniche als auch auf die Bebauung, Größe und Attraktivität der Felder in ihrem Aktionsradius.

Einen solchen Überblick können sich erfahrene Kranichkenner schnell verschaffen und daraus einen Plan ableiten, der in Zusammenarbeit mit den Bauern erstellt wird und meist aus einem Bündel von Maßnahmen besteht: Vorübergehendes, lokal eng begrenztes Verscheuchen der Vögel, das Ausstreuen

Große Kanadakraniche arrangieren sich in ihrem Winterquartier in Florida auch mit dem Weidevieh.

In vielen Schutzgebieten der USA wird eigens für die Kraniche, Wildgänse und Wildenten Mais und Getreide angebaut. Die Flächen werden dann im Winter nach und nach gemäht, so daß die Vögel stets Nahrung finden. Die Kanadakraniche im Bosque del Apache National Wildlife Refuge in New Mexico haben sich an den Traktor mit dem Mähwerk längst gewöhnt und folgen ihm im Abstand von wenigen Metern.

von Futter auf einer vom Verkehr abgelegenen Feldfläche, der Ankauf und die Freigabe von noch auf dem Halm stehenden oder abgeernteten Feldfrüchten gehören neben Ausgleichszahlungen dazu. In der Nachbarschaft mancher traditionellen Schlafgewässers, in dessen Umgebung viele Kraniche auf Nahrungssuche gehen, haben Naturschutzbehörden oder private Vereine, gelegentlich auch gemeinsam, Flächen aufgekauft oder langfristig angepachtet. Dafür gibt es Beispiele in Frankreich, Deutschland, Schweden, Israel, in den USA und in Japan. Auf solchen Feldern wird eigens für die Kraniche geeignetes Futter angebaut oder regelmäßig ausgestreut. Im US-Staat Wisconsin, wo es Mitte der dreißiger Jahre des vergangenen Jahrhunderts nur noch knapp 30 Brutpaare des Großen Kanadakranichs gab, leben heute wieder mehr als 12 000 der Vögel. Dort werden gesundheitlich ungefährliche chemische Abwehrmittel erprobt, die den Kranichen den Geschmack an frisch ausgebrachtem Saatgut verleiden sollen. Anderswo werden mit unterschiedlichem Erfolg Vogelscheuchen, Flugdrachen, Schreckschüsse, Klangattrappen, Wächter mit Hunden und Fahrzeuge eingesetzt. Bei allem Bemühen, den Kranichen zeitweise das »Miternten« zu verleiden, darf nie vergessen werden, daß die Vögel nicht in eine Existenz-

krise gescheucht und bis zur völligen Entkräftung an jeglicher Futteraufnahme gehindert werden dürfen. Je mehr sie fliegen müssen, desto mehr Kräfte verbrauchen sie und entsprechend viel fressen sie wieder. Je mehr sie also in Ruhe gelassen werden, desto weniger landwirtschaftlichen Schaden richten sie an. Unabhängig davon muß den Landwirten stets bewußt sein und gegebenenfalls von Zeit zu Zeit klar gemacht werden, daß es sich bei Kranichen nicht um Schädlinge, sondern um Mitlebewesen von hohem kulturellen und ökologischen Wert handelt, auf deren Erhalt die Gesellschaft ein Recht hat und wozu sie selbst wiederum gegenüber den benachbarten Kranichländern verpflichtet ist. Augenmaß und Zusammenarbeit sind daher eine wichtige Voraussetzung bei jeglicher »Lenkung«. Und in Ausnahmefällen muß es auch einmal eine finanzielle Entschädigung für einen Bauern geben, der ein großes Herz für hungrige Kraniche hat.

In einer Reihe von Ländern gibt es Orte, an denen Kraniche außerhalb der Brutzeit zu bestimmten Jahreszeiten regelmäßig gefüttert werden. Meistens ging es zunächst darum, die Vögel von den Getreide- und Kartoffelfeldern fernzuhalten und landwirtschaftliche Schäden zu verhindern oder zu verringern. Aber im Lauf der Jahre ist aus den meisten

»Kranichfütterungen« zusätzlich, mancherorts sogar überwiegend, eine Touristenattraktion geworden (siehe letztes Kapitel). Einige der Futterplätze für Kraniche existieren bereits seit über fünfzig Jahren und haben Maßstäbe für den Umgang mit den Vögeln gesetzt. Zu ihnen gehört der besonders im Frühjahr von Zehntausenden Menschen besuchte Hornborgasee mit seinem Naturum Trandansen im schwedischen Västergötland. Im April laben sich dort an einzelnen Tagen der Hochsaison mehr als 10 000 Kraniche an der ausgestreuten Gerste; im Herbst hat ihre Zahl in den vergangenen Jahren ebenfalls ständig zugenommen und erreicht Ende September an manchen Tagen um die 7000 Vögel. In Deutschland hat die Arbeitsgemeinschaft Kranichschutz Deutschland zehn Hektar Ackerfläche in der Nähe ihres Kranich-Informationszentrums gekauft und läßt auf einem Teil – und im Tausch mit einem Landwirt von diesem auch auf anderen Flächen – Mais für die Kraniche anbauen, die in der Nähe des Nationalparks Vorpommersche Boddenlandschaft besonders im Herbst lange in großer Zahl rasten. In der Nähe einer Aussichtsplattform werden sie zudem maßvoll gefüttert.

In Frankreich gibt es in der Champagne am Lac du Der-Chantecoq, wenige Kilometer südwestlich von St. Dizier, die Ferme aux Grues (Kranichhof). Dort, in einem der beiden wichtigsten ostfränzösischen Rastgebiete, das zunehmend zu einem Winterquartier für die Kraniche wird, sorgen Naturschutz- und Fremdenverkehrseinrichtungen dafür, daß den Vögeln Flächen mit Mais zur Verfügung stehen und Besucher sie beobachten können, ohne zu stören. Im Norden Israels ist das Hula-Tal zum wichtigsten Nadelöhr für über 30 000 Graue Kraniche geworden. 28 Kibuzzim (Gemeinschaftsbetriebe) bewirtschaften die 8000 Hektar Agrarfläche des fruchtbaren Tals am Rande der Golanhöhen, und da wäre ein unkontrollierter Einfall so vieler Erdnuß- und Getreidefresser katastrophal. Daher haben sich der Jewish National Fund (JNF), die Society for the Protection of Nature in Israel (SPNI) und die Kibuzzim zu einer beispielhaften Aktion zusammengetan: Ab Mitte Dezember, wenn die Erdnußreste auf den abgeernteten Feldern zu faulen beginnen und von den Kranichen nicht mehr gefressen werden, verteilt ein Düngerstreuer auf zwei Flächen von insgesamt rund 75 Hektar in der Nähe eines künstlich angelegten Flachsees zweimal täglich (früh morgens und mittags) drei Tonnen Mais. Bei 10 000 bis 13 000 Kranichen kommt diese Fütterung so gut an, daß sie bis Mitte März, wenn der Zug nach

Schafe und Paradieskraniche in enger Nachbarschaft sind ein gewohnter Anblick auf den Feldern des Overbergs in der südafrikanischen Kap-Provinz.

Norden einsetzt, im Hula Tal bleiben. Schon vorher sind die im Dezember nach Nordostafrika weiterge-zogenen Artgenossen zurückgekehrt und nutzen ebenfalls den gedeckten Tisch. 100 000 Euro kostet die jährliche Fütterung, doch ohne sie wären die Schäden weitaus höher. Und die jährlich mehr als 120 000 Besucher des Hula Lake Agmon Projects tragen ihren Teil zur Kostendeckung bei.

In den Vereinigten Staaten von Amerika wird in mehreren der gut 500 National Wildlife Refuges (NWR) ein aktives Errnährungsmanagement für Kra-niche betrieben. Die Verwaltungen der nationalen Schutzgebiete, in denen teilweise eine geregelte Landwirtschaft und Jagd erlaubt ist, lassen große Flächen für Wildgänse, Wildenten und Kraniche mit Mais oder anderen Feldfrüchten bestellen. Im Winter sammeln sich in einigen der südlichen Wild-refugien mehr als 50 000 Kanadakraniche. Die Feld-bestellung, die teils von den Gebietsverwaltungen in Eigenregie, teils von beauftragten Farmern durch-geführt wird, hält die Vögel davon ab, auf Feldern außerhalb der Schutzgebiete, in denen für sie auch Schlafgewässer unterhalten werden, Schäden an-zurichten.

Dasselbe Ziel verfolgen bereits seit etwa 50 Jahren die winterlichen Kranichfütterungen in Japan – aller-dings mit etwas anderen Methoden. Auf der süd-lichsten Hauptinsel Kyushu werden bei Izumi auf relativ kleiner Fläche gut 12 000 Mönchs- und Weiß-nackenkraniche, Wintergäste aus Rußland und China, mit täglich einigen tausend Kilogramm Ge-treide und ab Februar, zum Fitmachen für den einige tausend Kilometer langen Rückweg in ihre Brutge-biete, zusätzlich mit mehreren hundert Kilogramm Fisch versorgt. Die Naturschutzbehörde und der regionale Tourismusverband pachten für eine Saison von Bauern einige Reisfelder und fluten sie, damit die Kraniche in ihnen ungefährdet übernachten können. Auf Hokkaido, der nördlichsten der vier japanischen Hauptinseln, hängen im Winter gut 900 Mandschurenkraniche vollkommen von ihren täg-lichen Rationen ab. Tagsüber picken sie die Getrei-dekörner und Fische von den verschneiten Feldern, und die Nacht verbringen sie in flachen Flüssen, die auch bei minus 25 Grad Celsius nicht zufrieren. Bei dieser Fütterung geht es nicht darum, die Land-wirtschaft vor Schäden zu bewahren, sondern da-rum, die *Tanchos* am Leben zu erhalten. (Siehe das Kapitel zum Mandschurenkranich.)

Ein ungewöhnliches, sicherlich nicht so leicht nach-zuahmendes Beispiel für den Umgang mit Kranichen sorgt jedes Jahr wieder in Indien für Schlagzeilen. In der kleinen Gemeinde Khichan im Bundesstaat Rajasthan können die Einwohner und Besucher alljährlich von Anfang Dezember bis in die ersten Märztage jeden Morgen miterleben, wie zwischen den Häusern auf einem nur etwa 60 mal 100 Meter großen eingezäunten Platz nacheinander insgesamt zwischen 6000 und 7000 wilde Jungfernkraniche einfallen. Seit 1982, als ein Bewohner einigen Kranichen, die zwischen der nahen Wüste Thar und der Wasserstelle des Ortes hin und her pendelten, erstmals einige Handvoll Körner hingeworfen hat, haben sich von Winter zu Winter mehr Jungfernkraniche in Khichan eingefunden. Jeden Tag verfüttern die Einwohner, die zu einem gut Teil Angehörige der Glaubensgemeinschaft der Jains sind (ihr Glaube verbietet ihnen, Tiere zu verletzen oder gar zu töten), etwa 2000 Kilogramm Körner auf eigene Kosten an »ihre« Kraniche, die sich enger als Hühner vor dem Futterhaus drängen und in keiner Weise von den in der Nähe herumstehenden Menschen beirren lassen. Mit diesem Futterspektakel halten die Menschen in Khichan die Kraniche auch von ihren Feldern fern. Wenn sie sich kurz vor dem Beginn des Frühlings wieder auf den Weg in ihre Brutgebiete in der fernen menschenleeren Mongolei aufmachen, sind sie stark genug, um selbst das Himalaya-Gebirge zu überwinden. Bisher ist glücklicherweise noch nie eine ansteckende Krankheit größeren Ausmaßes unter den »Hühner-Kranichen« ausgebrochen.

Wo immer Kraniche sich als Schar einfinden oder ihren Flugrouten folgen, sind sie ganz besonders einer Gefahrenquelle ausgesetzt: den elektrischen Freileitungen. In jedem Jahr kommen weltweit Hunderte, wenn nicht gar Tausende von Kranichen an den immer enger kreuz und quer über die Erde gespannten Drähten ums Leben. An besonders kritischen Stellen, etwa in der Einflugschneise zu einem Schlafgewässer, können innerhalb von weniger als drei Wintermonaten Dutzende von Kranichen sterben. So verunglücken zum Beispiel seit mehreren Jahren in jedem Winter regelmäßig mehr als 50 Graue Kraniche etwa 20 Kilometer südlich von Addis Abeba in Äthiopien an einem einzigen Leitungsabschnitt von weniger als 100 Metern. Besonders Jungvögel, die noch nicht genügend Flugerfahrung haben, verunglücken häufig während der ersten Monate, nachdem sie flügge geworden

Seit mehr als 50 Jahren füttert und betreut Sueharo Matano (vorne links im Bild) jeden Winter die Kraniche in Arasaki bei Izumi auf der südjapanischen Insel Kyushu. Auch Satoshi Nishida (rechts im Bild) setzt sich seit vielen Jahren für die Kraniche ein.

Tausende von Mönchs- und Weißnackenkranichen warten jeden Morgen in Arasaki auf den kleinen Lastwagen, von dem aus zwei Helfer Getreide und – kurz vor dem Abflug der Vögel in die sibirischen Brutgebiete – Fische als Futter verteilen.

An jedem Wintertag verstreuen Kranichbetreuer in der indischen Kleinstadt Khichan am Rande der Wüste Thar kurz vor Sonnenuntergang auf einem eingezäunten Hof mehrere Zentner Getreide für die Jungfernkraniche – als Frühstück für den nächsten Morgen.

sind. Vor allem bei Dunkelheit, Nebel oder dichtem Regen kann eine Stromleitung den großen Vögeln zum tödlichen Hindernis werden. Mancher Kranich ist auch schon von einer starken Windböe gegen die Drähte gedrückt worden. Häufiger als durch den elektrischen Schlag sterben die Vögel an den Folgen des Aufpralls. Mit gebrochenem Flügel oder Hals liegen sie dann am Boden und fallen Beutegreifern wie dem Fuchs oder streunenden Hunden zum Opfer, wenn sie nicht zuvor schon durch den Aufprall gestorben sind. Nicht selten können sich Kraniche, die zunächst mit einem Beinbruch davongekommen sind, noch einige Zeit am Leben erhalten. Die unglücklichen Vögel sind im Flug leicht an ihrem herabhängenden Ständer und am Erdboden an ihrem Mitleid erregenden Humpeln zu erkennen. Die meisten der an den Beinen verletzten Kraniche können nicht mehr den zum Auffliegen notwendigen Anlauf nehmen und werden so Bodenfeinden zur leichten Beute.

Seit geraumer Zeit bemühen sich in vielen Ländern Naturschützer und die Verantwortlichen von Stromversorgungsunternehmen darum, kritische Orte mit hohem Gefahrenpotential zu »entschärfen«. Oft hilft es schon, wenn die Drähte durch angehängte, im Wind sich bewegende bunte Schilder oder Bälle weithin sichtbar gemacht werden, so daß die

Kraniche sie schon von weitem als Hindernis erkennen. In manchen Kranichregionen wurden schon die Freileitungen unter die Erde verlegt, was in der Regel ein kostspieliges Unterfangen ist. Ebenso wichtig wie die Verbesserung bestehender Anlagen ist es, bei der Planung neuer Stromleitungen die Fluggewohnheiten von Kranichen (und anderer Großvögel) zu berücksichtigen. Schon manche neue Trasse ist »kranichbedingt« zu den Akten gelegt oder stark verändert worden.

Ähnliches gilt auch für die in den letzten zehn Jahren immer häufiger errichteten Windkraftanlagen. Sie stellen in vielen Regionen eine zunehmende Behinderung des Kranichzuges dar, indem sie die Vögel auf ihren traditionellen Zugstrecken irritieren und zu Umwegen verleiten, die ihnen zusätzliche Kraft abverlangen oder von geeigneten Rastplätzen fernhalten. Darüber hinaus können die Flügel der einzelnen Windmühlen, deren Rotorfläche mittlerweile einen Durchmesser von mehr als hundert Metern erreicht, wie ein Messer wirken. Da die Flügel beim Drehen eine gehörige Sogkraft entwickeln, geraten immer wieder Großvögel dort hinein und werden erschlagen oder zu Boden geschleudert. Mancher Windpark, aber auch einzelne Windmühlen (die energietechnisch ohnehin kaum Sinn machen) scheitern zunehmend an den Argumenten der Landschafts- und Naturschützer, und letztere können sich häufig genug mit dem Hinweis auf Brut-, Zug- und Rastgewohnheiten der Kraniche Gehör verschaffen.

Zu den Störenfrieden, die ganze Kranichscharen an Schlaf-, Rast- und Nahrungsplätzen in Panik

Kurz nach Sonnenaufgang drängen sich in Khichan Tausende von Jungfernkranichen inmitten von Häusern, um im Wettbewerb mit Krähen und Felsentauben die ausgestreuten Körner aufzupicken.

versetzen und in die Flucht treiben können, gehören immer häufiger solche Lenker von Heißluftballons, die sich nicht an Mindestflughöhen und Überflugverbote halten. Werden die Übeltäter, von denen sich einige nach Beobachtungen von Rastplatzbetreuern mitunter einen regelrechten Spaß daraus machen, die Vögel aufzuscheuchen, angezeigt, so versuchen sie, sich mit ungünstigen Winden oder zur Neige gegangenem Antriebsgas herauszureden. Seriöse Ballonfahrer, die in der Mehrzahl sind, respektieren die Kraniche und halten genügend Abstand zu ihnen. Piloten von Sportflugzeugen sind in der Regel rücksichtsvoller, denn sie riskieren bei Verstößen gegen die Vorschriften schnell ihren Flugschein. Und Flugzeuge sind, wenn sie nicht gerade über den Sammelplätzen der Kraniche kreisen, schnell wieder aus deren Blickfeld verschwunden.

Jagd, Handel und Gefangenschaft

In den meisten Ländern, in denen heute Kraniche – sei es als Brutvögel oder als Zugvögel – leben, ist es nicht mehr vorstellbar, daß die großen Vögel geschossen oder gefangen werden. Das war nicht immer so. Lange Zeit galten sie fast überall als

begehrte Jagdbeute oder wurden als Schädlinge auf den Feldern verfolgt. In der Falknerei, der Jagd mit abgerichteten Greifvögeln, gehörte es zu den besonderen Vergnügungen, einen Kranich von einem abgerichteten Gerfalken, Wanderfalken oder gelegentlich sogar von einem Steinadler schlagen zu lassen. Schon Kaiser Friedrich II. hat im 13. Jahrhundert in seinem berühmten Werk über die Beizjagd *De arte venandi cum avibus* die Kraniche als besondere Beute seiner Jagdfalken hervorgehoben. Bis ins 19. Jahrhundert zählten sie in Europa zum jagdbaren Wild, und für ihre Tötung wurden in manchen Ländern sogar Prämien gezahlt. Nicht anders wurde auf anderen Kontinenten verfahren. Selbst in Japan und China, wo die Vögel als heilig galten und während langer Epochen unter dem besonderen Schutz der Kaiser standen, wurden sie zeitweise gejagt und gegessen. Vor allem dort, wo Kraniche während des Zuges oder im Winterquartier in großer Zahl auftraten, galten sie als Freiwild. Aber auch als seltene Trophäe zum »Ausstopfen« (Präparieren) waren einzelne Arten, wie etwa der amerikanische Schreikranich oder die afrikanischen Kronenkraniche, höchst begehrt.

In China werden in menschlicher Obhut aufgezogene und gehaltene Kraniche nicht nur in Zoos und Vogelparks, sondern manchmal auch am Rande von Veranstaltungen gezeigt – wie hier anläßlich einer internationalen Kranichkonferenz in Qiqihar.

Ganz legal erfreut sich der Besitzer dieses Schlosses in der Nähe der französischen Stadt Rambouillet bei Paris am Anblick dieses Schneekranichpaares und läßt auch noch die Besucher seiner *Réserve Sauvage* daran teilhaben.

Es dauerte bis in die zweite Hälfte des 20. Jahrhunderts, als die rasante Abnahme ihrer Zahl fast überall dramatische Ausmaße angenommen hatte, daß mit dem Erstarken des allgemeinen Naturschutzgedankens schließlich in allen europäischen Ländern die Kraniche per Gesetz von der Bejagung verschont waren. Auch in vielen asiatischen und afrikanischen Staaten stehen Kraniche unter Schutz, wobei das nicht immer gleichbedeutend mit einer Garantie für ihre vollkommene Sicherheit ist. Selbst in Europa wird bis zum heutigen Tag in jedem Jahr eine Dunkelziffer von Grauen Kranichen illegal geschossen. In Pakistan und Afghanistan gehört in manchen Regionen der Kranichfang zur Zugzeit zu den alten Stammestraditionen. Der speziellen Fangtechnik mit Wurfleinen und Lock-Kranichen bei Dunkelheit fallen in jedem Herbst Hunderte, wenn nicht Tausende Graue Kraniche und Jungfernkraniche zum Opfer. Hinzu kommen illegale Abschüsse. Die weitgehende Ausrottung der westlichen Population des Nonnenoder Schneekranichs geht auf die Jagd in diesen Ländern, vornehmlich in Afghanistan, zurück. Die meisten Kraniche aber werden auch heute noch in Nordamerika von Jägern zur Strecke gebracht. Und das ganz legal. Mehr als 25 000 Kleine Kanadakraniche (*Grus canadensis canadensis*) werden jeden Herbst in zwölf westlichen und mittleren US-Staaten, in zwei kanadischen Provinzen und in neun mexikanischen Staaten mit dem Gewehr erlegt. In den US-Staaten Arizona, Colorado, Idaho, Kansas, Montana, New Mexico, North Dakota, Oklahoma, South Dakota, Texas, Utah und Wyoming, durch die alle irgendwo die *Flyways* der *Little Browns* führen, ist die Jagd auf sie nach einem Quoten- und Lizenzsystem erlaubt. Die U.S. Fish and Wildlife-Behörde achtet darauf, daß jährlich weniger als der zum Herbstbeginn abgeschätzte Populationszuwachs zum Abschuß freigegeben wird. So kommt es, daß im vergangenen Vierteljahrhundert auch die Zahl der Kleinen Kanadakraniche trotz Bejagung weiter zugenommen hat. Dennoch mutet es nicht-jagende Naturfreunde befremdlich an, wenn sie erleben, daß oft ganz knapp außerhalb von Schutzgebieten, in denen für die Kraniche Mais angebaut wird und in denen sie übernachten, die Vögel mit Kranichattrappen aus Metall oder Holz angelockt werden, damit getarnt ansitzende Schützen auf sie das Feuer eröffnen können. Im fernen Nordosten Rußlands übrigens werden die *Sandhills* auch regional bejagt. Kraniche sind schon seit Jahrtausenden beliebte Ziervögel, nicht nur in zoologischen Gärten. Gerade in letzter Zeit ist es unter vermögenden Besitzern großer Parks und Gartenanlagen wieder in Mode gekommen, ihr Anwesen mit ausgefallenen Vögeln zu schmücken. Daß die Kraniche unter ihnen einen herausragenden Platz einnehmen, verwundert nicht. Nun stehen die meisten Kranicharten aber auf Anhang I oder II des Washingtoner Artenschutzübereinkommens, das seit 1973 den internationalen Handel mit gefährdeten Arten freilebender Tiere und Pflanzen regelt. Kraniche dürfen also entweder gar nicht oder nur mit behördlicher Ausnahmegenehmigung und entsprechenden Dokumenten verkauft, gekauft, getauscht oder verschenkt werden. Vögel etwa, die einwandfrei nachweisbar mehrere Generationen von Vorfahren in menschlicher Obhut haben, können unter bestimmten Voraussetzungen zum Handelsobjekt werden. Zwar lassen sich einige Kranicharten recht gut in Gefangenschaft züchten, doch dauert es Jahrzehnte, bis einem Kranich eine einwandfreie genealogische Zuchtfolge nachgewiesen werden kann, wenn sie denn überhaupt gelingt. Und auch dann kann nicht jeder Liebhaber Kraniche einer gefährdeten Art kaufen und halten. Er muß neben einem berechtigten Interesse und einem einwandfreien Leumund geeignete Einrichtungen für die artgerechte Haltung nachweisen können.

Da ist es fast zwangsläufig, daß sich ein Schwarzmarkt für die attraktiven Vögel gebildet hat. Je schöner und seltener die Art, desto höher der Preis. Geht es gar um ein Paar, sind bisweilen Zehntausende von Euro im Spiel. Besonders gesucht und in Gefangenschaft auch am weitesten verbreitet sind die Kronenkraniche. Kranichschützer vermuten, daß es

mittlerweile von ihnen bald mehr außerhalb Afrikas als in ihrer heimischen Wildbahn gibt. Dazu tragen ganz wesentlich kriminelle Machenschaften bei, die am Brutplatz eines Paars von Grauen oder Schwarzen Kronenkranichen mit der Entnahme eines oder zweier Jungen aus dem Nest beginnen, die durch Zwischenhändler und in Behörden fortgesetzt werden, wo korrupte Beamte falsche Bescheinigungen ausstellen, und die – oft mit weiteren Zwischenstationen – bei einem Händler außerhalb Afrikas enden. Dieser hat mitunter ein großes »Tierlager« oder gar eine eigene Zucht, wo die Spuren neu gelegt und Herkunftsnachweise gefälscht werden können.

So wurden zwischen 1992 und 2002 allein aus Tansania nach CITES-Informationen (Convention on International Trade in Endangered Species of Wild Fauna and Flora = Washingtoner Artenschutzübereinkommen) mindestens 4854 Kronenkraniche exportiert. Darunter befanden sich 2692 Schwarze Kronenkraniche, eine Art, die in Tansania (wo der Graue Kronenkranich lebt) gar nicht vorkommt. Dieser Tatbestand verrät alles. Doch es kommt noch einmal genauso schlimm: Zwischen 1998 und 2003 wurden 63 der hoch gefährdeten Klunkerkraniche ausgeführt. Diese Zahl entspricht fast einem Viertel der gesamten in Tansania vorhandenen Population von *Bugeranus carunculatus*. Abgesehen von dem Aderlaß und dem Verlust an genetischer Vielfalt für die freilebenden Kraniche ist in dieser Zahl noch gar nicht der hohe Anteil derjenigen Tiere enthalten, die bis zum Export (und später auf dem Transport)

Vom Jao Camp (Wilderness Safaris) im Okawango-Delta in Botswana lassen sich gut Klunkerkraniche in Gesellschaft mit den abgebildeten Litschi-Moorantilopen beobachten (links). Graue Kronenkraniche, Paradieskraniche und Klunkerkraniche haben Wakkerstroom und seine Umgebung zum Mekka nicht nur für südafrikanische Kranichfreunde gemacht (rechts).

Mit seinen sprechenden Kranichpuppen (links ein Kronenkranich, rechts ein Klunkerkranich) hat Samson Phakathi rund um die Balelesberge bei Wakkerstroom im südafrikanischen KwaZulu-Natal großen Erfolg bei Schulkindern. Im Rahmen des Umweltbildungsprogramms der South African Crane Working Group zieht er mit seiner zusammenklappbaren Bühne von Dorfschule zu Dorfschule und macht die Lehrer und Kinder mit dem Kranichschutz vertraut. Ganz nebenbei erteilt er auch noch Biologieunterricht.

sterben. Fachleute vermuten eine Todesrate von mindestens 50 Prozent.

Neben den Kronenkranichen sind in Südafrika Paradieskraniche und in Asien Jungfernkraniche als Haus- und Hoftiere beliebt. Sie sind schön und nicht ganz so Platz einnehmend wie die anderen Arten. Die Zahl der illegal gehaltenen Angehörigen der beiden *Anthropoides*-Arten wird auf jeweils mehrere Tausend geschätzt.

Zu den Kranichen in privatem Besitz kommt eine große Zahl von Vertretern aller fünfzehn Arten in öffentlichen Zoos und Vogelparks. Gerade letztere haben in den vergangenen 20 Jahren stark zugenommen. Wenngleich sich viele solcher Einrichtungen erfolgreich darum bemühen, Kraniche in Gefangenschaft zu züchten und mit ihnen auch für den Naturschutz zu werben, werden diese Nachkommen in aller Regel ebenfalls nur zur Schau gestellt. Allerdings hat das Argument etwas für sich, mit gezüchteten Kranichen werde die Nachfrage nach Vögeln aus freier Wildbahn unterlaufen – vorausgesetzt, die Elterntiere oder die zur Auffrischung des Bestandes benötigten Tiere stammen nicht aus dubiosen Quellen und sind mit gefälschten Papieren »legalisiert« worden.

»Nachschub« für einige in Freiheit hoch bedrohte Arten kann allerdings nur aus den wenigen besonders ausgestatteten Einrichtungen kommen, die sich auf die Aufzucht von Jungkranichen in weitgehender Isolation vom Menschen und ihre anschließende professionelle Auswilderung spezialisiert haben. Dazu ist mehr in den Kapiteln zum Schreikranich und zum Schneekranich nachzulesen.

Die Kranichdiplomaten von Baraboo

Das ist ein seltener Moment: George Archibald und Jim Harris sitzen, von bunten Blumen umgeben, auf einer Mauer in der spätsommerlichen Mittagssonne vor dem Farmhaus von George. Die Idylle wird durch einen jungen, seit wenigen Wochen flüggen Kanadakranich vervollständigt. Er nähert sich den beiden Männern zutraulich, während sein Geschwister zwar fast ebenso vertraut, aber auf einige Meter Abstand bedacht ist. Die beiden mittlerweile beringten Vögel sind als Küken keine 200 Meter entfernt in einem von Bibern angestauten kleinen Feuchtgebiet auf Georges Grundstück aus den Eiern geschlüpft. Zum dritten Mal hat hier ein Paar des Großen Kanadakranichs erfolgreich gebrütet. Es muß an Georges »Händchen« für Kraniche liegen, daß die Jungen

so zahm geworden sind und sich ihre tägliche Ration an Würmern und Körnern abholen. Dennoch werden sie im Herbst mit ihren Eltern nach Süden fortziehen und danach völlig wild sein.

Während George, stellvertretender Vorsitzender des Board of Directors (Aufsichtsrat), und Jim, Direktor der International Crane Foundation ICF (Internationale Kranichstiftung), es sichtlich genießen, wie entspannt sich die beiden graubraunen Vögel in ihrer Nähe bewegen, sprechen sie über einige aktuelle Themen des weltweiten Kranichschutzes und organisatorische Fragen von ICF. Obschon sie im nördlichen US-Bundesstaat Wisconsin nicht weit entfernt voneinander wohnen und eng zusammenarbeiten, sehen sie sich oft monatelang nicht. George ist gerade von einer mehrwöchigen Reise durch Südostasien und den Iran zurückgekehrt und wird schon in Kürze wieder nach Afrika aufbrechen, um dort zunächst an einer regionalen Konferenz über Kraniche teilzunehmen und im Anschluß in einigen Staaten auf Regierungsebene Projekte zum Schutz von Feuchtgebieten zu besprechen. Jim wird in drei Wochen ebenfalls eine weite Reise unternehmen, um in China den Fortgang von zwei Projekten zu überprüfen, bei dem Kranichschutz und Armutsbekämpfung der ländlichen Bevölkerung zusammengehen. Jetzt ist er zwanzig Minuten mit dem Auto von Crane City, dem Sitz von ICF auf der anderen Seite des Städtchens Baraboo, zum Farmhaus von George und dessen Frau Kyoko in den Baraboo Hills gefahren, um während einer verlängerten Mittagspause in Ruhe alle anstehenden Themen zu besprechen.

Die beiden kennen sich seit zwanzig Jahren und sind durch ihre Arbeit und ihre Begeisterung für die Kraniche zu Freunden geworden, die sich aufs beste ergänzen. So wie es zwischen dem aus Kanada stammenden George und Ron Sauey gewesen war, die sich Anfang der siebziger Jahre an der Cornell-University in Ithaca im Bundesstaat New York durch ihre Doktorarbeiten zu Kranichen kennengelernt hatten. Während ihrer Studien stellten sie fest, daß die meisten Kranicharten auf der Erde durch den Menschen stark bedroht sind und daß bedenklich wenig darüber und über die Ursachen bekannt war, und beschlossen, gemeinsam dagegen etwas zu tun. 1973 gründeten sie unweit von Baraboo auf einer Pferderanch der Familie Sauey mit ein paar Volieren die private International Crane Foundation. Hier – so war die Vision der beiden jungen Zoologen und Kranichenthusiasten – sollten mit in Gefangenschaft gezüchteten Kranichen Genreserven für selten gewordene Arten geschaffen werden, von hier aus sollten Schutzprogramme für Feuchtgebiete und Graslandschaften als Lebensräume für Kraniche und eine entsprechende Öffentlichkeitsarbeit in alle Welt ausstrahlen. »(Aus-)Bildung«, »Forschung«, »Erhaltung und Wiederherstellung geeigneter Habitate/Lebensräume für Kraniche«, »Gefangenschaftszucht« und »Wiederansiedlung« – unter diesen fünf Begriffen faßt ICF heute seine Schwerpunktaufgaben zusammen.

Zur Erprobung der Arbeitsmethoden dienten anfangs Eier von Grauen Kranichen aus Schweden und von Kanadakranichen; beide Arten waren damals nicht gefährdet und sind es auch heute noch nicht. Die Zahl der Volieren wuchs, gleichzeitig nahmen George und Ron, der über die sibirischen Nonnenkraniche im indischen Winterquartier promoviert hatte, Kontakte in immer mehr Kranichländer auf. Von Monat zu Monat wuchs das internationale Netzwerk. Aber auch in den USA und in Kanada bekam der Kranichschutz Rückenwind aus Baraboo. Einem ersten *Regional Crane Workshop* in den Vereinigten Staaten im Jahr 1975 folgte ein weiterer 1980 in Japan und eine internationale Kranichkonferenz unter der Schirmherrschaft von Premierministerin Indira Gandhi 1983 im indischen Rajasthan. Im selben Jahr zog die Kranichstiftung, nunmehr schon von mehreren festangestellten Mitarbeitern und vielen freiwilligen Helfern unterstützt, einige Kilometer weiter und eröffnete auf gut sechzig Hektar Crane City, die Kranichstadt mit voneinander getrennten Schau- und Zuchtgehegen.

Wenige Monate vor dem nächsten großen internationalen Kranichtreffen im nordchinesischen Qiqihar starb im Januar 1987 überraschend ICF-Mitbegründer Ron Sauey im Alter von nur 38 Jahren – ein großer Verlust für das weltweite Netz der Kranichschützer. Nach ihm ist heute die große, von seiner Familie gestiftete Bibliothek auf dem ICF-Gelände benannt. In ihr sind Wissen und Literatur über

Kraniche gespeichert, stets auf neuestem Stand und öffentlich zugänglich gehalten wie an keinem anderen Ort der Welt. Neben der Bibliothek sind seit der Errichtung von Crane City viele zusätzliche Gehege und Freianlagen, Forschungseinrichtungen, ein Kino, das im Juni 2006 eingeweihte »Education Center« mit einem Ausstellungsraum, ein *gift shop* und Gästewohnungen für Wissenschaftler und Kranichschützer aus aller Welt entstanden. Das Gelände wurde um eine natürliche Prärielandschaft und um Wasserflächen auf 92 Hektar erweitert. Heute leben 120 Kraniche aller 15 Arten unter dem Dach von ICF, und alle Arten sorgen für Nachwuchs – sei es über natürliche Verpaarung und Brut oder mittels künstlicher Besamung und Erbrütung der Küken im Brutschrank. Die Aufgaben der rund 40 Mitarbeiter decken ein weites Spektrum ab. Sie reichen von der täglichen Versorgung der Vögel, ihrer veterinärmedizinischen Betreuung sowie der Aufzucht der Jungen über das Reinigen und Reparieren der Volieren, die Führung und Unterrichtung der Besucher (von Anfang Mai bis Ende Oktober), das Trainieren von Kranichschützern aus anderen Ländern bis zur Begründung und Durchführung nationaler und internationaler Schutzprogramme mit modernsten Kommunikationsmitteln.

Seit 1984 ist Jim Harris bei ICF. Am 1. November 2000 folgte er (bis Mitte 2006) George Archibald im Amt als Präsident, nachdem er zuvor viele Jahre – mit einem besonderen Bezug zu China und Rußland, wo er als Vizepräsident heute mehrere Projekte betreut – für das gesamte Programm der Stiftung verantwortlich gewesen war. George, ein begnadeter Redner und Motivator, reist seitdem als stellvertretender Chairman des Boards of Directors noch mehr durchs Land und über die Kontinente als zuvor, um für die Unterstützung des Kranichschutzes in allen seinen politischen und fachlichen Facetten zu werben, weiter das Netzwerk der Kranichfreunde über Grenzen und Erdteile hinweg zu knüpfen und mit immer neuen überzeugenden Ideen Finanzierungsquellen zu erschließen und Mitstreiter zu gewinnen. Oder er führt besonders großzügige Förderer zu den *hot spots* des Kranichlebens. So wie beim Ausbau von ICF nach guter amerikanischer

Wenn die Kraniche im April am schwedischen Hornborgasee zur Zwischenrast eintreffen, liegt dort mitunter noch Schnee oder es schneit während ihres Aufenthaltes erneut. Den wetterharten Vögeln macht das nichts aus, solange sie gefüttert werden.

Im nordisraelischen Hula-Tal vor den schneebedeckten Golanhöhen fühlen sich mehr als 30 000 Graue Kraniche zwischen November und März wohl. Viele verbringen hier den Winter; andere legen einen Zwischenaufenthalt ein, wenn sie auf dem Weg nach Afrika sind oder von dort in die Brutgebiete zurückfliegen. Im 500 Hektar großen Agmon Park können Besucher sie von Hütten aus bequem beobachten.

Art viele andere private Stiftungen, rund 7000 ständige Förderer und jährlich mehr als 30 000 Besucher geholfen haben und ständig weiter helfen, so wird die Tätigkeit von George Archibald als Botschafter für die Kraniche durch einen eigens von einer Stiftung dafür eingerichteten Fonds finanziert. In seinem Farmhaus ist er über E-Mail und Internet mit Hunderten von Kranichschützern verbunden – und mit der ICF-Zentrale, in der Jim mit ebenso vielen Verbindungen in alle Welt sitzt.

World Center for the Study and Preservation of Cranes (Weltzentrum für das Studium/die Erforschung und den Erhalt der Kraniche) steht als Untertitel auf dem vierteljährlich erscheinenden farbigen Mitteilungsblatt The ICF Bugle. Wer George Archibald und Jim Harris in dieser Mittagsstunde bei ihrer Unterhaltung zuhört, erkennt, daß diese Bezeichnung in keiner Weise übertrieben ist: Die Themen reichen von Wisconsin weit um den Globus. Und er merkt spätestens an dem schallenden, mitreißenden Lachen von Jim, das hin und wieder das Gespräch unterbricht, mit welcher Freude und mit welchem Enthusiasmus die beiden craniacs ihrer Berufung nachge-

hen. Das gilt im übrigen für alle, die sie – jeder für sich ein Experte und von verschiedener Nationalität – im großen Kranichteam unterstützen.

Ohne ICF, die Internationale Kranich-Stiftung, wäre heute weitaus weniger über die fünfzehn Kranicharten bekannt. Außerdem würden sich wesentlich weniger Menschen für ihr Schicksal interessieren und sich für ihren Schutz einsetzen. Und noch wichtiger: Ohne ICF würde vielleicht nicht einmal mehr die Hälfte der weltweit schätzungsweise rund eineinhalb Millionen Kraniche in Freiheit leben. Denn ohne die vielen Initiativen aus Baraboo gäbe es kaum eine ganze Reihe nationaler und regionaler Kranicharbeitsgruppen (Crane Working Groups), die sich in vielfältiger Kooperation, darunter die regelmäßige Veröffentlichung regionaler Newsletter (einen International Crane Newsletter gibt es seit 2006), und mit großer Hingabe ihrer Mitglieder für das Wohl und das Überleben der »Vögel des Glücks« einsetzen.

Netzwerke für Kraniche

Kaum zwei andere Gruppen von Menschen aus
Ost- und Westdeutschland haben nach der Wende,
dem Fortfall der innerdeutschen Grenze und noch
vor der politischen Wiedervereinigung so rasch
mit ihren Anliegen und Interessen zusammengefunden wie die Naturschützer. Und unter ihnen waren
die Kranichfreunde in Norddeutschland zwischen
Elbe und Oder besonders schnell. Im Frühjahr 1990
trafen sie sich auf Einladung von WWF Deutschland in den Räumen der Stiftung Herzogtum Lauenburg im schleswig-holsteinischen Mölln unweit des
Schaalsees, durch dessen Mitte die Todesgrenze
verlaufen war. Zum ersten Mal fanden sich auf deut-
schem Boden Mitglieder vom »Arbeitskreis zum
Schutz der vom Aussterben bedrohten Tiere bei der
Akademie der Landwirtschaftswissenschaften der
DDR« mit Kranichschützern vom Naturschutzbund
Deutschland (NABU) und vom WWF zusammen und
sprachen – frei von jeder Ideologie – darüber, wie
sie künftig das Engagement für die Kraniche bündeln
könnten. Schon gut ein Jahr später entstand 1991
unter der Trägerschaft von NABU und WWF mit
exklusiver maßgeblicher Förderung der Lufthansa

die Arbeitsgemeinschaft Kranichschutz Deutschland. In ihr ist seitdem das geballte Kranich-Know-
how aus Ost und West unter einem Dach vereint, was
sich bis heute bestens bewährt hat. (Im östlichen
Deutschland gab es schon vor der Wende einen viel
größeren Brutbestand an Grauen Kranichen, und
dort lagen auch die großen Sammel- und Rastplätze,
was sich ebenfalls bis heute nicht geändert hat).
In das von der Arbeitsgemeinschaft betriebene
Kranich-Informationszentrum (siehe folgendes Kapitel) kommen seit dessen Einweihung im September 1995 in jedem Jahr mittlerweile mehr als 15 000
Besucher. Eine »Woche des Kranichs«, eine Foto-
Wanderausstellung, regelmäßige Vorträge und eine
intensive Öffentlichkeitsarbeit sorgen neben der
praktischen Arbeit in den Brutgebieten und an den
Rastplätzen dafür, daß es um das Anliegen des
Kranichschutzes nicht still wird in Deutschland. Bei
jährlichen Tagungen an wechselnden Orten während
des Herbstzuges der Kraniche tauschen zwischen
100 und 150 ehrenamtliche Mitarbeiterinnen und
Mitarbeiter der Arbeitsgemeinschaft Fakten, Zahlen
und Erfahrungen aus und schmieden gemeinsam
Pläne für Schutzstrategien und Gefahrenabwehr.

Das wäre vielleicht alles nicht so schnell zusammengewachsen und hätte sich nicht so reibungslos entwickelt, wenn sich nicht etliche der Kranichfreunde aus den beiden deutschen Staaten bereits von den durch ICF organisierten Konferenzen gekannt und geschätzt hätten. An den Treffen im entfernten Indien und China 1983 und 1987 konnten nur wenige Deutsche aus Ost und West teilnehmen; doch in der Zwischenzeit, im Herbst 1985, hatte sich im Kreise vieler europäischer Kollegen für mehr Deutsche aus der Bundesrepublik und der damaligen DDR eine bessere Möglichkeit zu einem Erfahrungsaustausch und gegenseitigen Kennenlernen ergeben, und zwar in der ungarischen Stadt Orosháza, rund 200 Kilometer südöstlich von Budapest nahe der Grenze zu Rumänien gelegen. Um ostdeutschen, osteuropäischen, russischen und chinesischen Kranichforschern und -schützern überhaupt zu einem Treffen mit westlichen Kollegen zu verhelfen, mußten die Kranichkonferenzen in einem kommunistischen Staat stattfinden, denn für einen Kongreß im Westen gab es für Besucher aus Ostländern so gut wie keine Visa. So fand denn auch noch kurz vor der Öffnung des Eisernen Vorhangs in Europa 1989 die Folgekonferenz im estnischen Tallinn (Reval) mit noch stärkerer deutscher Beteiligung statt.

Als die Teilnehmer dort für das nächste Treffen die DDR auswählten, konnte keiner von ihnen ahnen, daß sich schon wenige Wochen später die politischen Verhältnisse total verändern und die Probleme mit Visum und Reiseerlaubnis innerhalb Europas in Zukunft so gut wie keine Rolle mehr spielen würden. Dennoch fand 1996 – nach einem dazwischen geschobenen Erfahrungsaustausch im spanischen Orellana la Vieja in der Extremadura im Jahr 1994 – wie geplant eine große Tagung im östlichen Deutschland, im mecklenburgisch-vorpommerschen Stralsund an der Ostsee, unter Beteiligung von Bundes- und Landesministern statt. Weitere Kranichkonferenzen auf europäischer Ebene, die stets Teilnehmer aus dem fernöstlichen Rußland, China und Japan sowie ICF-Präsenz einschließen, folgten im November 2000 in Verdun und am Lac du Der-Chanteqoc in Ostfrankreich, im April 2003 in Schweden nahe dem Hornborgasee in Västergötland und im Herbst 2006 im ungarischen Hortobágy-Nationalpark.

Wie in Europa, wo mehr als ein halbes Dutzend Arbeitsgemeinschaften und Netzwerke (in Frankreich haben sich beispielsweise mehr als 40 Organisationen und Vereine im Réseau Grues France zusammengeschlossen) unter der lockeren Koordination

Auf dem Cao Hai in der chinesischen Provinz Guizhou, einem Winterquartier von Schwarzhalskranichen und Grauen Kranichen, sind die Vögel an die Boote vorbeifahrender Dorfbewohner gewöhnt. Dieses zutrauliche vertraute Verhalten der Kraniche machen sich auch Bootsführer zunutze, die Touristen im flachen Wasser mit langen Stangen in ihre Nähe staken.

Wilde Saruskraniche in der Nähe von Tempeln sind an Buddhas Geburtsort Lumbini in Nepal keine Seltenheit; ganz in der Nähe der heiligen Stätten ist für sie ein Schutzgebiet eingerichtet.

der European Crane Working Group mit wechselnder nationaler Führung und der Crane Working Group of Eurasia mit Sitz in Moskau miteinander verbunden sind, funktionieren Länder-Arbeitsgruppen für Kraniche auch in den anderen Erdteilen. Sie setzen sich in der Regel aus unabhängigen Personen sowie aus Vertretern privater und staatlicher Organisationen zusammen, die mit dem Kranichschutz zu tun haben. Die nordamerikanische Gruppe hält alle paar Jahre ihren North American Crane Workshop ab. In den USA und Kanada ist darüber hinaus bereits seit 1961 die Whooping Crane Conservation Association (WCCA) für den Schutz des Schreikranichs aktiv. Das Northeast Asia Crane Site Network koordiniert die Kommunikation zwischen amtlichen und privaten Kranichfachleuten aus dem sibirischen Teil Rußlands, aus China, Nordkorea, Südkorea und Japan. Die Indian Crane and Wetlands Working Group kümmert sich ähnlich wie die Southeast Asia Crane Working Group neben dem Saruskranich auch um die überwinternden Arten. Die South African Crane Working Group gibt zweimal im Jahr den *Crane Link* heraus und tauscht sich mit anderen afrikanischen Kranichschützern aus.

Mehrere hundert Schwarzhalskraniche verbringen jedes Jahr den Winter im weiten Tal von Phobjikha in Bhutan. Sie überfliegen das Himalaya-Gebirge, wenn sie im Herbst aus ihren hoch gelegenen Brutgebieten in Tibet kommen und im Frühling dorthin zurückkehren.

Alle beteiligen sich am African Cranes, Wetlands and Communities Program der International Crane Foundation und des Endangered Wildlife Trusts (EWT) in Südafrika. Auch in Australien gibt es einen Kreis von Interessierten, die sich mit dem Schicksal des Australischen oder Brolga-Kranichs und der dortigen Saruskraniche beschäftigen.

Für weltweite Treffen wie in den achtziger Jahren in Indien und China oder selbst eine Konferenz für nur einen großen Kontinent mit vielen Kranich-ländern, wie im August 1993 mit gut 100 Teilneh-mern aus 24 Nationen beim African Crane and Wetlands Training Workshop am Rand des Okavango Deltas in Maun, Botswana, ist die Gemeinschaft der *Crane People* längst zu groß geworden. Umso wichtiger sind die etwa alle drei Jahre stattfinden-den Fachtagungen auf regionaler Ebene. Jedes Mal übernimmt ein anderes Kranichland die Gastgeber-

rolle für bis zu 150 Teilnehmer. In *Proceedings* werden die vielen Vorträge und damit der neueste Stand des Kranichwissens zusammengefaßt.

Von der ICF, die bei jedem überregionalen Treffen vertreten ist und ihren Teil dazu beisteuert, werden die Ergebnisse des Erfahrungs- und Wissensaus-tausches dann in einen weltweiten Kranichkontext gebracht. Erkenntnisse und Schlußfolgerungen, aber auch die ganz praktische Handhabung täg-licher Herausforderungen sind auf diese Weise den Kranichschützern in aller Welt zugänglich. Dazu trägt auch bei, daß die Arbeitsgruppen immer mal Kollegen aus anderen Ländern und Erdteilen austauschen – oft mit Hilfe der »Kranichlinie« Luft-hansa. Schließlich finden zum Thema Kranich-schutz viele – auch mehrwöchige – Schulungen für kleine Gruppen sehr wirkungsvoll bei der ICF in Baraboo statt.

Wenn die Mandschurenkraniche auf der nordjapanischen Insel Hokkaido manche ihrer Futterplätze ansteuern oder ver-lassen, fliegen sie nicht selten ganz tief über Häuser und Menschen.

In Arasaki können sich die Besucher
bis auf wenige Meter den Mönchs- und
Weißnackenkranichen an der Futter-
schneise nähern, ohne daß sich die
Vögel dadurch irritiert zeigen.

Für den Fremdenverkehr sind Kraniche ein Glücksfall

Wo sich Kraniche versammeln, da zieht es auch Menschen hin. Von den großen Vögel geht eine große Faszination aus – nicht nur auf Vogelfreunde. Das wissen sowohl die Kranichschützer als auch Fremdenverkehrsverbände, Tourismusmanager, Hotel- und Restaurantbesitzer sowie private Zimmervermieter. In ganzseitigen Zeitungsanzeigen werben sie mit den »Vögeln des Glücks« beispielsweise für einen Besuch der deutschen Ostseeküste im Herbst und damit für eine Verlängerung der Saison. Am schwedischen Hornborgasee wird die Zahl von gut 11 000 Kranichen an einem einzigen Wochenendtag im April um ein Vielfaches von Menschen übertroffen, die von weither anfahren, um den »Kranichtanz« in jedem Jahr aufs Neue zu erleben. Es gibt innerhalb Europas viele weitere Orte und Gegenden, in denen Kranichbeobachter in der Zeit, wenn die großen Vögel sich sammeln, ziehen, rasten und überwintern, voll auf ihre Kosten kommen. In vielen dieser Regionen haben sich in den letzten Jahren bereits bestehende Gastronomie, Hotels, Pensionen und private Zimmervermieter auf die Kranichtouristen eingestellt und expandiert; es sind sogar neue hinzugekommen, manche mit Namen wie »Zum Kranich«, »Hotel Kranich« oder »Kranichrast«. Der Kranichtourismus entwickelt sich weltweit von Jahr zu Jahr stärker. In den Vereinigten Staaten gibt es alljährlich *Crane Festivals* an verschiedenen Orten, in deren Umgebung Kraniche für einige Wochen auf dem Zug rasten oder wo sie überwintern. Groß-

räumige und gut ausgestattete Informationszentren mit attraktivem, schwerpunktmäßig auf die Welt
der Kraniche ausgerichteten Ausstellungsbereich,
Laden und Cafeteria, von Naturschutzorganisationen, lokalen Vereinen, mitunter aber auch von kom-
merziellen Unternehmern betrieben, ziehen zusätzlich Publikum an. In Izumi auf der südjapanischen
Insel Kyushu steht unweit der Fütterungsflächen
von mehr als zwölftausend überwinternden Mönchs-
und Weißnackenkranichen in einem Kranichpark
ein riesiges modernes Museum, in dem es nur um
die großen Vögel von der Natur bis zur Kultur geht.
Dieses Museum setzt Maßstäbe – nicht nur für
das Thema Kranich. Ob in China oder in Südafrika,
in Indien, Nepal oder Israel: Überall bemühen sich
Menschen darum, andere Menschen mit Kranichen zusammenzubringen und so Bewunderung
und Verständnis für die Vögel zu wecken. Zwar spielt
auch der geschäftliche Nutzen dabei eine Rolle,
aber solange die Aufklärung und der Schutz der
Vögel dabei im Vordergrund stehen, ist dagegen
nichts einzuwenden.

Das Schöne an den Aufenthaltsplätzen der Kraniche ist für den Naturfreund, daß er dort eine Vielzahl anderer Vögel und auch die eine oder andere
Säugetierart sehen kann. Oft sind es dichte Scharen
von Wasser- und Watvögeln, die im Winterquartier
und zur Zugzeit die Rastgewässer und Nahrungs-
gründe mit den Kranichen teilen. Und meistens
zieht dieses Vogelheer wiederum zahlreiche Greif-
vögel nach sich, die unter Gänsen, Enten, Rallen
und den vielen anderen Arten leicht zu Beute kommen. Ein Dorado also für Ornithologen.

In diesem Buch sind eine ganze Reihe von Orten
genannt, an denen der Reisende mit Sicherheit
zu den angegebenen Jahreszeiten Kraniche gut beobachten und meistens auch fotografieren kann.
An nicht wenigen der angeführten Ziele werden die
Vögel regelmäßig gefüttert, was die Begegnung
mit ihnen erleichtert, aber auch einen falschen
Eindruck von ihrer »Zahmheit« vermittelt. An vielen
der Plätze gibt es Informationseinrichtungen. Sie
reichen von gut ausgestatteten Ausstellungen über
gekennzeichnete Plätze und Wege sowie Leitfäden
zum richtigen Verhalten bis zu Beobachtungsplattformen, Fotoverstecken und Aussichtstürmen.
Manche Kranichschwärme fühlen sich in Nationalparks und anderen Schutzgebieten wohl, wo die
Aufklärung über sie nicht selten in allgemeine Informationen über die Gebiete eingebettet ist.

In Florida sind manche der dort ganzjährig frei lebenden Kanadakraniche
so an Menschen gewöhnt, daß sie sich
wie dieses Paar sogar vom Boot aus
füttern lassen.

RECHTS
Das Aransas Schutzgebiet in Texas ist
für die im kanadischen Wood Buffalo
National Park brütenden Schreikraniche
als Winterquartier überlebenswichtig.
Im Winter 2004/05 wurden dort erst-
mals seit über 70 Jahren mehr als 200
Vögel gezählt.

In der folgenden Aufzählung, die keinen Anspruch auf Vollständigkeit erheben kann, sind die meisten Orte nur mit wenigen Sätzen beschrieben. Eine ausführlichere Darstellung hätte aus diesem Buch einen Reiseführer zu den Kranichen gemacht. Wer sich für Kraniche interessiert, wird schon seinen Weg zu den vorgestellten Plätzen finden. Oberstes Gebot für die Besuche der Rast- und Fütterungsplätze ist die Rücksichtnahme auf die Vögel wie auf die Natur insgesamt. Aber auch auf die Menschen, die in der Region leben und die sich nicht alle über Kranichtouristen freuen. Vor allem Landwirte ärgern sich zu Recht und reagieren ungehalten, wenn Fremde ungefragt über ihre Felder und Wiesen laufen, um sich – entgegen allen Vorschriften – den Kranichen zu nähern. Zurückhaltung ist ganz besonders in allen Brutgebieten angesagt, in denen

Kraniche viel sensibler auf Störungen reagieren als an den Sammelplätzen außerhalb der Fortpflanzungszeit. Daher werden in diesem Buch auch keine Gebiete genannt, in denen Kraniche nisten und ihre Jungen aufziehen. Es sei denn, es handelt sich um Parks, in denen halbzahmen Vögeln die Nähe von Menschen nichts ausmacht.

Reiseziele

Ob Kraniche die beschriebenen Orte aufsuchen und wie viele sich dort einfinden, hängt davon ab, wie gut das Nahrungsangebot ist und ob es in der Nähe Übernachtungsplätze gibt. Die angegebenen Zeiten können je nach Wetter variieren; sie geben nur ungefähr den Rahmen an.

In Deutschland
(von Mitte März bis Ende April sowie im September und Oktober):

1. Im und rund um den Nationalpark Vorpommersche Boddenlandschaft in der Rügen-Bock-Region (Mecklenburg-Vorpommern). Zur Zugzeit führen »Kranichranger« an die verschiedenen Beobachtungsplattformen und -hütten und geben dort fachkundige Erläuterungen. Mit der »Nationalpark Card – Beobachten, ohne zu stören«, die bei der Kur & Tourismus GmbH in Zingst oder bei der Nationalparkstation an den Sundischen Wiesen zu kaufen ist, kann man im September an einer Führung zur Kranichbeobachtung am Pramort teilnehmen (im Internet: www.zingst.de).
Aktuelle Informationen erteilt das Kranich-Informationszentrum (NABU, WWF, Lufthansa) in 18445 Groß Mohrdorf (Tel. 03 83 23/8 05 40; im Internet: www.kraniche.de). Dort werden das ganze Jahr hindurch eine Ausstellung und eine Filmvorführung angeboten.
An den Fütterungsflächen des Informationszentrums bei Günz und am Kranich-Utkiek in Hohendorf (Verein zum Schutz und Erhalt des Kranichplatzes Rügen-Bock-Region) kommt man den Kranichen besonders im Herbst sehr nahe. Beide Orte liegen nahe Groß Mohrdorf, ca. 14 Kilometer nordwestlich von Stralsund.

2. Im und rund um den Müritz-Nationalpark bei Waren in Mecklenburg-Vorpommern. Vom 1. September bis 31. Oktober bietet der Nationalpark-Service ein »Kranich-Ticket« an. Mit ihm kann man an einer Führung in die Nähe von zwei Schlafplätzen der Kraniche teilnehmen, wohin man sonst nicht kommt. Die kleinen Gruppen starten in Federow und Schwarzenhof (im Internet: www.nationalpark-service.de).

3. An den Langenhägener Seewiesen bei Goldberg, ca. 40 Kilometer östlich von Schwerin (Mecklenburg-Vorpommern). Hier gibt es einen Schlafplatz für einige tausend Kraniche, der von einer Aussichtsplattform gut einsehbar ist (Auskünfte erteilt der Förderverein Langenhägener Seewiesen e.V. in 19399 Langenhagen, Tel. 03 87 36/4 22 59).

4. Bei Linum (Brandenburg), ca. 40 Kilometer nordwestlich von Berlin Mitte. Das größte binnenländische Rast- und Sammelgebiet von Kranichen in Deutschland liegt zwischen Kremmen, Linum und Nauen im Rhinluch und im Havelländischen Luch. Die meisten Kraniche verbringen die Nacht in der Nähe von Linum und fliegen tagsüber auf die Wiesen, Weiden und abgeernteten Maisfelder. Zur Zugzeit sieht man die Vögel zu Hunderten beiderseits der Autobahn 24 (Auskünfte erteilt der Landschaftsförderverein Oberes Rhinluch e.V. unter www.oberes-rhinluch.de und die Naturschutzstation Rhinluch/Landesumweltamt Brandenburg in 16833 Linum, Tel. 03 39 22/5 05 00).

5. In Sachsen-Anhalt haben sich der Concordia-See bei Nachterstedt im Nördlichen Harzvorland und der Helmestausee bei Kelbra am Südharzrand zu bedeutenden Rastplätzen, mit guten Beobachtungsmöglichkeiten besonders im Oktober und November, entwickelt.

6. Am Oldenburger Wall in der Gemeinde Horst (Schleswig-Holstein) an der Straße von Neu-Horst nach Lehmrade, sechs Kilometer östlich von Mölln in Richtung Sterley. Von hier aus läßt sich der Anflug von bis zu 600 Kranichen zum Schlafplatz gut beobachten. Am Schaalsee bei Techin, 60 Kilometer östlich von Hamburg.

7. In der Diepholzer Moorniederung (Niedersachsen), ca. 60 Kilometer nordwestlich von Hannover. Diepholz, Sulingen und Wagenfeld eignen sich als Ausgangspunkt für einen Besuch des Beobachtungsturms am Ostrand des Neustädter Moores und des Fahrdamms durch das Rehdener Geestmoor bei Rheden, den die Kraniche beim Anflug auf die Schlafgewässer überqueren (Auskunft beim BUND, der das Projekt Diepholzer Moorniederung betreut: 49419 Wagenfeld-Ströhen, Tel. 0 57 74/3 71).

In Frankreich
(von Mitte Oktober bis März, eventuell mit Unterbrechungen im Winter):

1. Am Lac du Der-Chantecoq bei St. Dizier, ca. 80 Kilometer westlich von Nancy in Champagne-Ardenne. (Auskunft über diesen großen Rastplatz in Ostfrankreich gibt die Ligue pour la Protection des Oiseaux Champagne-Ardenne, die LPO, auf der website www.lpochampagneardenne.com). Die Ferme aux Grues bei St.-Rémy-en-Bouzement im Nordwesten des Sees ist neben mehreren Standorten auf dem Damm ein guter Platz für Beobachtungen. Auch am rund 40 Kilometer südwestlich gelegenen Lac du Temple und am Lac d'Orient finden sich Kraniche ein.

2. Die feuchte Ebene von La Woëvre in Lothringen ist im Herbst ein weiterer Rastraum für die aus Deutschland kommenden und nach Südwesten weiterfliegenden Kraniche. Bisweilen verbringen sie einige Nächte in verschiedenen großen Teichen bei Billy les Mangiennes.

3. In der Réserve de chasse d'Arjuzanx in Aquitaine, ca. 100 Kilometer südlich von Bordeaux, zehn Kilometer östlich der Route Nationale 10 bei Morcenx. Hier wurde bis 1983 Braunkohle im Tagebau gewonnen. Rund um das 2541 Hektar große Schutzgebiet von Arjuzanx, auf dessen ausgedehnten Wasserflächen sie übernachten, suchen im Herbst bis zu 90 000 Kraniche auf den abgeernteten Maisfeldern ihre Nahrung. In milden Wintern und bei guter Ernährungslage verzichten einige zehntausend Vögel auf den Weiterflug nach Spanien und bleiben bis zum Frühjahr hier. Im Südteil des Schutzgebietes steht ein Beobachtungsturm, der mit Erlaubnis der *garde nature* in Mont de Marsan (Tel. 00 33 / 55 80 / 8 11 52) zur Kranichbeobachtung bestiegen werden kann. Nicht weit entfernt im Nordosten von Arjuzanx liegt der Parc Naturel Regional Des Landes de Gascogne. Ein besonderes Refugium für die Kraniche ist auch der ebenfalls nordöstlich gelegene Truppenübungsplatz bei Captieux.

In Spanien
(von Anfang November bis Mitte Februar):

1. Im Refugio Nacional de la Laguna de Gallocanta in Aragon, 250 Kilometer nordöstlich von Madrid zwischen den Städten Molina und Daroca, nahe der Nationalstraße 211. In der Nähe der Orte Bello und Tornos lassen sich besonders im November und Februar Kraniche in großer Zahl beobachten, die ihren Zug nach und vor der Überquerung der Pyrenäen hier unterbrechen, eine längere Rast auf den Feldern rund um den 1400 Hektar großen Salzwassersee einlegen und nachts in dem Flachgewässer schlafen; bei mildem Wetter überwintern hier auch etliche Kraniche.

2. Im Reserva Ornitológica de la Laguna de El Oso, 120 Kilometer nordwestlich von Madrid, 20 Kilometer nördlich von Avila. In diesem von SEO/Birdlife und den lokalen und regionalen Behörden geförderten Schutzgebiet mit einem Informationszentrum rasten Tausende von Kranichen auf ihrem Flug in die Extremadura.

3. Am Staudamm von Rosarito am Rio Tiétar bei Candeleda nahe der Nationalstraße 501, rund 180 Kilometer westsüdwestlich von Madrid. In der Umgebung halten sich Kraniche auf dem Zug und mitunter den ganzen Winter über auf. Die meisten Eichenhudewälder der Faciendas, auf denen die Kraniche tagsüber nach Nahrung suchen, können nur mit Genehmigung der Eigentümer aufgesucht werden, aber es lassen sich auch von Straßen aus gute Beobachtungen machen.

4. In der Extremadura, etwa 200 bis 350 Kilometer südwestlich von Madrid. In dieser Region überwintert der größte Teil der nordwesteuropäischen Kranichpopulation. Für den Kranichschutz setzt sich hier seit langem insbesondere die Organisation ADENEX (Asociación Para La Defensa De La Naturaleza Y Los Recursos De Extremadura) ein. Sie wird von Kranichschutz Deutschland unterstützt. Auch der spanische Ableger der deutschen Organisation EURONATUR ist hier für die Kraniche aktiv. Wo die Kraniche am besten zu beobachten sind, hängt davon ab, wie nah die Eichenhudewälder an die Straße heranreichen und wo es abgeerntete Maisfelder gibt. Ein guter Ausgangspunkt ist das Hotel und Restaurant Acueducto Gran Ruta an der Nationalstraße 430 bei Acedera, 70 Kilometer östlich von Merida, wo ADENEX ihr Büro an der Plaza de Santo Angel 1 hat. Auch die südlich von Acedera gelegene Kleinstadt Orellana la Vieja ist ein guter Standort. Die Stauseen in der Nähe und die

Gebiete nördlich davon, insbesondere beiderseits der Straße 116, die bei Obando von der N 430 nordwärts abbiegt, bieten viele Beobachtungsmöglichkeiten. In dieser Gegend gibt es auch ein neues Kranichinformationszentrum. Es steht am Rand eines großen Landschaftsparks mit uralten Kork- und Steineichen, der zu der Stadt Navalvillar de Peda gehört, von dieser aber einige Kilometer entfernt ist.

In Schweden
(Mitte März bis Ende April und erste Augusthälfte bis erste Oktoberhälfte):

Am Hornborgasee in Västergötland, etwa 80 Kilometer nordwestlich von Jönköping an der Straße zwischen Falköping und Skara. Seit etwa 1970 fahren in jedem Frühjahr und Herbst Tausende von Besuchern hierher zur Kranichbeobachtung. Die meisten der etwa 23 000 schwedischen Revierpaare machen hier ein paar Tage lang Rast, wenn sie in ihre Brutgebiete in Nordschweden fliegen oder von dort zurückkehren. Jahrzehntelang konnten sich die Kraniche von den Ernteresten auf den ausgedehnten Kartoffeläckern ernähren. Als der Kartoffelanbau eingestellt wurde, legte man 1981 als Ersatz die erste Futterfläche für die Vögel an. Heute zieht das Naturreservat Hornborgasee jährlich mehr als 200 000 Besucher an; die Mehrzahl von ihnen wählt als Ausgangspunkt für die Beobachtung der Kraniche das Naturum Trandansen (Naturzentrum Kranichtanz) an der Südwestseite des flachen Sees. Hier hat man den »Panoramablick« auf die große Schar, aber einzelne Vögel lassen sich auch aus nächster Nähe beobachten. Fotografen können sich kleine Ansitzhütten mieten, in denen sie vom frühen Morgen bis nach Einbruch der Dunkelheit inmitten der Kraniche ausharren müssen. Den Anflug der

Kraniche zum See und den Abflug zu den Futter-flächen können die Beobachter auch vom »Hornborga Naturum« am nordöstlichen Ufer erleben. – Eine wachsende Zahl von Kranichen (9000 und mehr an manchen Herbsttagen) rastet auch am Kvismaren-See, nordöstlich vom Hornborgasee. Den Tåkern-See, westlich von Mjölby in Östergötland, steuern im September mehr als 3000 Kraniche an.

In Finnland
(September bis ca. Mitte Oktober):

Vor allem an der Westküste entlang des Bott-nischen Meerbusens lassen sich die ziehenden Kraniche im September und in den ersten Oktobertagen gut beobachten. Sie übernach-ten auf den vielen kleinen Inseln, den »Schä-ren«; traditionelle Plätze liegen westlich von Vaasa und Pori. Bei Hanko an der Südspitze Finnlands beeindrucken an klaren Herbsttagen die nach Estland abziehenden Kranichkeile.

In Estland
(Mitte September bis Mitte Oktober):

Das Naturschutzgebiet an der Matsalu Bucht bei Haapsalu gut 100 Kilometer südlich der Hauptstadt Tallinn ist das Ziel und der Rastraum von mehr als 30 000 Kranichen und bietet da-mit hervorragende Möglichkeiten zur Beobach-tung – wenn es nicht gerade neblig ist.
Von Estland aus wählen die Kraniche drei ver-schiedene Zugrouten nach Süden: die west-europäische über die Rügen-Bock-Region nach Frankreich und Spanien; die zentraleuropäische über Ungarn und das Mittelmeer nach Nord-afrika oder Israel; die osteuropäische über die Ukraine und die Türkei in den Nahen Osten und nach Ostafrika.

In Ungarn
(Mitte September bis Ende November):

1. Im Hortobágy-Nationalpark, westlich von Debrecen im östlichen Ungarn, gibt es fünf ge-schützte Schlafplätze, an denen im Herbst zeit-weise mehr als 60 000 Kraniche rasten. Sie lassen sich tagsüber und beim abendlichen und morgendlichen Flug zu den Äsungsflächen von vielen gut zugänglichen Plätzen aus be-obachten. Auskunft gibt auch die Nationalpark-direktion in Debrecen, in der Zsolt Vegvari für die Kraniche zuständig ist.

2. Im Kardoskút-Naturreservat nahe der Stadt Orosháza, rund 200 Kilometer südöstlich von Budapest, gehen zwischen 10 000 und 20 000 Kraniche auf den abgeernteten Maisfeldern rund um einen 100 Hektar großen Natronsee auf Futtersuche; ihre Nächte verbringen sie auf dem See. Von einer Aussichtsplattform haben Besucher einen guten Überblick über die Nah-rungsflächen und den Schlafplatz.

In Israel
(Mitte Oktober bis Mitte März):

Etwa 120 000 Besucher kommen allein im Winter ins 170 Kilometer nördlich von Tel Aviv gelegene Hula-Tal, um hier – neben vielen ande-ren Zugvögeln – durchziehende und überwin-ternde Kraniche zu beobachten. Mehr als 40 000 Graue Kraniche machen im Agmon Park Hula Valley bis Mitte Dezember Station. Sie ernäh-ren sich zunächst von den Ernteresten auf den Erdnußfeldern der regionalen Kibbuzim und Bauern und werden später täglich mit Mais ge-füttert. Bis zu gut 20 000 Kraniche verbringen den Winter im Hula-Tal, die übrigen ziehen wei-ter nach Ostafrika. In einem großen Informa-tionszentrum erfährt man alles zur Geschichte

und zum Management des Agmon Parks mit Hinweisen auf das nahe gelegene 400 Hektar große Hula Valley Naturreservat. Auf ausgebau-ten Wegen kann man eine Rundfahrt in die Nähe der Felder und Seen des 500 Hektar gro-ßen Agmon Parks machen; von einem Beob-achtungshaus lassen sich die Kraniche und andere Vögel auf den Wasserflächen aus der Nähe beobachten. Für Fotografen ist der von einem Traktor gezogene Beobachtungswagen interessant, mit dem man mitten durch die Kranichscharen fährt. Als Standort bietet sich das Pastoral Kfar Blum Hotel bei Kefar Blum an, das wenige Kilometer nördlich des Agmon Park liegt.

In Äthiopien
(Graue Kraniche von November bis Februar; Schwarze Kronenkraniche und Klunkerkraniche ganzjährig):

1. In Äthiopien gibt es mehrere Orte, an denen Graue Kraniche überwintern. Am leichtesten zugänglich sind der Cheffe-See, zehn Kilome-ter von Debre Zeit entfernt, und der Cuba-Stau-see (Cuba dam), acht Kilometer weiter. Debre Zeit liegt rund 50 Kilometer südlich von Addis Abeba. Zwischen 10 000 und 15 000 Graue Kraniche wählen diese beiden Seen als Schlaf-gewässer und fliegen tagsüber bis zu 50 Kilo-meter weit auf die Felder, auf denen man sie auch gut beobachten kann. In Debre Zeit gibt es mehrere Hotels.

2. Knapp 25 Kilometer südlich von Addis Abeba liegt bei Akaki das Endoda Wetland. Auf dieser zeitweilig überschwemmten Fläche finden sich je nach Wasserstand mehrere tausend Graue Kraniche zum Übernachten ein. Hier sind auch regelmäßig Schwarze Kronen-kraniche zu beobachten.

3. Im Boyo Wetland, gut 200 Kilometer südlich von Addis Abeba. Dieses große Feuchtgebiet bei Fonka und Hosaina (geeigneter Ort zum Übernachten) ist die Brutheimat von Klunkerkranichen und Schwarzen Kronenkranichen. Beide Arten lassen sich hier gut beobachten, wenn man sich nicht scheut, längere Strecken durch hohes Gras und flaches Wasser zu gehen. Auch Klunkerkraniche aus den 200 Kilometer südöstlich gelegenen Bale Mountains, einem Nationalpark, scheinen außerhalb der Brutzeit vorübergehend hierher zu kommen.

In Tansania

(ganzjährig) bieten sich der Serengeti Nationalpark und der Ngorongoro Krater für die Beobachtung von Östlichen Grauen Kronenkranichen an.

In Botswana

(vorzugsweise von Mai bis Dezember) lassen sich im Okawango Delta gut Klunkerkraniche beobachten.

Wer sicher gehen will, daß er diese größten afrikanischen Kraniche auch zu sehen bekommt, sollte eine Safari bei den – nicht ganz billigen – Wilderness Safaris (www.wildernesssafaris.co.za) buchen. Viele Camps dieses sehr guten Veranstalters liegen – nur mit dem Kleinflugzeug zugänglich – in absoluten Wildnisgebieten, in denen der Anblick von Klunkerkranichen so gut wie garantiert ist (Kontakt: Zingg Event Travel AG, Florastraße 56, CH-8032 Zürich, Tel. 00 41 / 44 / 7 09 20 10, Homepage: www.zinggsafaris.com).

In Südafrika

(Südliche Graue Kronenkraniche, Paradieskraniche, Klunkerkraniche – ganzjährig):

1. In KwaZulu-Natal ist die Region um Nottingham Road und Mooi River (an der N 3 zwischen Durban und Harrismith) Heimat für alle drei Arten. Sie werden von der KwaZulu-Natal Crane Foundation in der South African Crane Working Group betreut (Website: www.kzncrane.co.za). Ein guter Platz, an dem die Vögel – sowohl in Volieren als auch frei – zu sehen sind, ist das Hlatikulu Crane & Wetland Sanctuary am Fuß der Drakensberge, rund 50 Kilometer westlich von Mooi River. Hier erhalten jährlich mehrere hundert Schulkinder in Wochenkursen praktischen Unterricht in Biologie und Naturschutz (Tel. 00 27 / 33 / 2 63 24 41).

2. Bei Wakkerstroom in Mpumalanga am Fuß der Balelesberge an der Provinzgrenze zu KwaZulu-Natal, 30 Kilometer östlich von Volksrust an der R 543. Hier gibt es ein Schutzgebiet für Kraniche und ein Informationszentrum mit Futterplatz von BirdLife South Africa. Alle drei Arten sind im Umfeld von Wakkerstroom zu sehen – ein Mekka für Vogelfreunde. Die South African Crane Working Group ist hier ebenfalls vertreten und tätig (Website: www.ewt.org.za).

3. Bei Dullstroom in Mpumalanga, 200 Kilometer östlich von Pretoria und 30 Kilometer nördlich von Belfast. Von hier aus, wo es gute Quartiere gibt, läßt sich die schöne Gegend Steenkampsberg auf Nebenstraßen gut erkunden – mit der Chance, die hier immer seltener vorkommenden drei Kranicharten zu sehen. Das Schutzgebiet Verloren Valei bei Dullstroom ist einen Besuch wert. Auch hier hat die South African Crane Working Group eine Vertretung.

4. In Overberg in der Provinz Western Cape, 100 bis 150 Kilometer südöstlich von Kapstadt. Hier erreicht der Paradieskranich seine größte Bestandsdichte. Die Vögel sind auf den Feldern, zum Beispiel im weiten Umkreis von Caledon, nicht zu übersehen. Ein gutes Quartier bietet die Rouxwil Farm bei Villiersdorp (Internet: www.rouxwil.co.za/contact.htm).

In Indien

(für Jungfernkraniche, Graue Kraniche und Saruskraniche):

1. In Gujarat: Im nordwestlichen Bundesstaat lassen sich zwischen November und Februar mitunter große Ansammlungen von Jungfernkranichen beobachten. Die Vögel sammeln sich südlich von Rajkot und nordwestlich von Ahmadabad an mehreren Stauseen und auf Sandbänken in Flüssen. Frühmorgens, mittags und am Abend sind die besten Zeiten, um die hier überwinternden Vögel zu sehen. Da die Wasserstände der Stauseen und Flüsse ständigen Schwankungen unterworfen sind, empfiehlt es sich, mit einer Karte großen Maßstabs die einzelnen Plätze abzufahren oder Einheimische zu fragen.

2. In Khichan in Rajasthan: In der kleinen Stadt, wenige Kilometer östlich der Stadt Phalodi und etwa 130 Kilometer nordwestlich von Jodhpur, werden zwischen November und Februar jeden Morgen auf einem kleinen Platz bis zu 7000 Jungfernkraniche gefüttert. Die Vögel finden sich während des Tages an einem großen Teich am Stadtrand zum Trinken ein und lassen sich tagsüber auch in der Wüste und auf Feldern rund um Khichan beobachten.

3. Im Keoladeo Nationalpark in Rajasthan: Dieses bei Vogelfreunden in aller Welt bekannte Schutzgebiet bei Bharatpur liegt 170 Kilometer südlich von Delhi und 55 Kilometer westlich von Agra. Zeitweise beherbergte es im Winter vier Kranicharten in großer Zahl: Nonnen- oder Schneekraniche aus Westsibirien, Jungfernkraniche, Graue Kraniche und – ganzjährig als Brutvögel – Saruskraniche. Doch seit Anfang dieses Jahrhunderts überwintern hier keine Schneekraniche mehr, und auch die übrigen Arten sind stark zurückgegangen. Dennoch lohnt sich ein Besuch, besonders zwischen November und Anfang März, wenn sich mit Sicherheit ein paar Saruskraniche blicken lassen.

In Nepal

In Lumbini im Südwesten des Landes bei Bhairahawa an der Grenze zu Indien, gut 250 Kilometer westsüdwestlich von Kathmandu. Zu den Saruskranichen am mutmaßlichen Geburtsort Buddhas kommt man am besten mit der Hilfe von Rajendra Suwal, dem Projektmanager des Lumbini Crane Sanctuary (E-mail: cranesnp@ccsl.com.np).

In Bhutan

Im Phobjikha-Tal im westlichen Zentral-Bhutan, östlich von Punakha, überwintern alljährlich zwischen 300 und 400 Schwarzhalskraniche. Da man in Bhutan ohnehin nur mit einem Führer reisen kann, läßt man sich am besten von ihm ein Quartier in einem der bäuerlichen Gästehäuser in dem schönen weiten Himalaya-Tal besorgen. Auch die Genehmigung für den Besuch der Ansitzhütte in Sichtweite des Schlafplatzes der Vögel, die bei der Naturschutzbehörde in der Hauptstadt Thimphu beantragt werden muß, bekommt man am besten mit Hilfe des Führers.

In China

Für dieses große Kranichland, in dem acht Arten vorkommen, sechs davon heute noch als Brutvögel, sollen nur fünf Gebiete kurz genannt werden: das Naturreservat Zhalong westlich von Qiqihar in der nordostchinesischen und nordmandschurischen Provinz Heilongjiang (Mandschuren- und Weißnackenkraniche als Brutvögel, Graue Kraniche und Schnee- oder Nonnenkraniche als Durchzieher); das Naturreservat Xianghai bei Tongyu in der nordöstlichen und südmandschurischen Provinz Jilin (Mandschurenkraniche, Weißnackenkraniche und Jungfernkraniche als Brutvögel; Graue Kraniche, Mönchskraniche und Nonnen- oder Schneekraniche als Rastvögel); das Naturreservat Poyang Lake bei Wucheng in der südostchinesischen Provinz Jiangxi (Hauptüberwinterungsgebiet der Nonnen- oder Schneekraniche aus Jakutien; ebenfalls Wintergäste von November bis Februar/März: Graue Kraniche, Mönchskraniche, Weißnackenkraniche); das Cao Hai Naturreservat bei Weining in der südwestchinesischen Provinz Guizhou (überwinternde Schwarzhalskraniche und Graue Kraniche von Oktober bis Anfang April; besonders die Schwarzhalskraniche sind zum Teil recht vertraut); Hueitzu und Tashanbao sind zwei Seen in der südwestchinesischen Provinz Yunnan, wo sich ebenfalls Schwarzhalskraniche und Graue Kraniche im Winter treffen. In Yunnan sollen gelegentlich auch noch einige Saruskraniche aus Myanmar (Birma) auftauchen.

Reisen zu den chinesischen Reservaten und Plätzen sind mit Genehmigung der für den Naturschutz zuständigen Provinzbehörden möglich, bedürfen aber guter Planung und einiger Zeit. Für die einen Reservate ist das Forstministerium, für die anderen die Umweltbehörde zuständig, aber die Zuständigkeiten wechseln auch.

In Japan

1. Auf Hokkaido, der nördlichsten der vier Hauptinseln, leben das ganze Jahr hindurch mehr als 1000 Mandschurenkraniche. Von Frühjahr bis Herbst kann man im Osten der Insel sogar von manchen Straßen aus einige Brutpaare sehen. Besonders anziehend wirken aber – sowohl für die Kraniche als auch für viele Menschen – von November bis Februar die verschneiten Futterflächen, auf denen sich die Mandschurenkraniche regelmäßig einfinden. In Akan, rund 100 Kilometer nordwestlich der Hafenstadt Kushiro, finden sich nicht nur viele Vögel – zeitweilig über hundert – auf einem drei Hektar großen Feld ein; dort gibt es auch ein großes Informationszentrum, in dem man alles über die Mandschurenkraniche und die anderen Plätze erfährt, an denen sie sich beobachten lassen. Besucher, die nach Kushiro fahren, können von Tokio aus per Flugzeug anreisen oder die Fähre wählen.

2. Auf Kyushu, der südlichen Hauptinsel, ist Arasaki bei Izumi in der Präfektur Kagoshima der Anziehungspunkt für Tausende überwinternder Mönchskraniche und Weißnackenkraniche sowie einige wenige Jungfernkraniche, Graue Kraniche, Kanadakraniche und einen Nonnen- oder Schneekranich, die sich den beiden erstgenannten Arten auf dem Zug angeschlossen haben und auf diese Weise hierhergeraten sind. Bevor man es nicht mit eigenen Augen gesehen hat, glaubt man nicht, wie nah die Besucher hier den Kranichscharen kommen

und umgekehrt. Übernachtungsmöglichkeiten gibt es in Izumi oder im kleinen Gasthaus des Haupt-Betreuers der Station Arasaki. Die Anreise ist mit dem Zug über Fuokoka nach Izumi oder mit dem Flugzeug nach Kagoshima und von dort mit dem Bus nach Izumi möglich. Von Izumi dauert die Taxifahrt nach Arasaki zehn Minuten. Besonders sehenswert ist der Kranichpark mit einem modernen großen Kranichmuseum am Stadtrand von Izumi.

In Rußland

1. In diesem ebenfalls kranichreichen Land soll nur der Maraviovka Park im östlichen Sibirien im Tambovka Distrikt (Amur Oblast), 650 Kilometer westlich von Khabarowsk und 60 Kilometer südlich von Blagoveshchensk empfohlen werden. In diesem Park lassen sich besonders gut Mandschurenkraniche und Weißnackenkraniche zur Brutzeit und Mönchskraniche und Graue Kraniche zur Zugzeit beobachten. Dieses 5000 Hektar große Schutzgebiet, das 1994 von dem russischen Biologen Sergei Smirenski mit Hilfe japanischer Sponsoren und der International Crane Foundation gegründet wurde, hat die von Smirenski gegründete Gesellschaft für 50 Jahre vom Staat gepachtet, und sie veranstaltet hier russisch-chinesisch-amerikanische Naturschutztreffen. Außerdem werden hier russische Waisenkinder zur Erholung aufgenommen und mit der Natur sowie mit ökologischer Landwirtschaft vertraut gemacht. Die Unterkünfte sind einfach. Ein Besuch ist von Mai bis September möglich. Kontakt über Elena Smirenski (E-mail: elena@savingcranes.org).

2. Das staatliche Naturschutzgebiet Oka (Oka Biosphere State Nature Reserve) mit Brut- und Aufzuchtstation für Kraniche bei Moskau.

In den USA

In Nordamerika gibt es sehr viele Plätze und Schutzgebiete, an denen sich Kraniche beobachten lassen. Hier werden nur einige mit besonders großen Kranichvorkommen oder mit herausragenden Möglichkeiten genannt.

1. Die International Crane Foundation (ICF) nahe Baraboo bei Madison, Wisconsin. In diesem weltweit führenden Internationalen Kranichinformationszentrum lassen sich alle 15 Kranicharten wie in einem Zoo anschauen, doch »Crane City« bietet noch wesentlich mehr. In der öffentlichen Bibliothek findet man praktisch alles, was jemals über Kraniche gedruckt wurde. In nächster Nähe zum ICF-Zentrum lassen sich von Frühjahr bis Herbst viele Große Kanadakraniche beobachten. Das Zentrum der Stiftung ist im Winter für Besucher geschlossen. (Adresse: E 11376 Shady Lane Road, P.O.Box 447, Baraboo, WI 53913-0447, USA, Website: www.savingcranes.org).

2. Der Platte River entlang dem Interstate Highway 80, zwischen Grand Island und Kearney, Nebraska. Zwischen Ende Februar und Anfang April ergeben sich hier beste Gelegenheiten, Zehntausende von Kanadakranichen und – in der ersten Aprilhälfte mit etwas Glück – einige Schreikraniche zu sehen. In der Nähe des Exit 305 vom Highway liegt das Crane Meadows Nature Center, und Exit 285 muß man wählen, um nach sechs Kilometern zum Rowe Sanctuary & the Iain Nicolson Audubon Center an der Elm Island Road zu gelangen. In beiden großen Informationszentren erhält man aktuelle Nachrichten und erfährt alles Wissenswerte über die weltweit größte Rastregion von Kranichen; im Audobon Center kann man auch Aufenthalte in Ansitzhütten (*blinds*) an den Schlafplätzen buchen. Ein Besuch lohnt sich auch

im nahe dem Crane Meadows Nature Center gelegenen Zentrum des Platte River Whooping Crane Maintenance Trust, der sich um die Erhaltung des Rastgebiets und insbesondere des Wasserzuflusses im Platte River kümmert (Internet: www.whoopingcrane.org).

3. Das Necedah National Wildlife Refuge in der Nähe der kleinen Stadt Necedah, rund 100 Kilometer nordwestlich von Baraboo, Wisconsin. Von Frühjahr bis Herbst eignet sich dieses Schutzgebiet hervorragend zur Beobachtung von Kanadakranichen und – mit zunehmender Regelmäßigkeit – von Schreikranichen. Das Informationszentrum liegt im Schutzgebiet, in dem man von Aussichtsstürmen und -plätzen gute Beobachtungsmöglichkeiten hat. Im Herbst lassen sich die Trainingsflüge der Schreikraniche hinter den Ultraleichtflugzeugen verfolgen.

4. Das Aransas National Wildlife Refuge bei Rockport, nördlich von Corpus Christi an der Küste des Golf von Mexiko in Texas ist das Überwinterungsgebiet der in Kanada brütenden Schreikraniche. Gute Beobachtungsmöglichkeiten, insbesondere von Ausflugsschiffen, bieten sich ab Mitte November bis Anfang April.

5. Im Bosque del Apache National Wildlife Refuge bei Socorro, etwa 130 Kilometer südlich von Albuquerque in Neu Mexiko, bieten einige zehntausend Große Kanadakraniche neben vielen anderen Vogelarten beste Beobachtungsmöglichkeiten.

6. Wer in Zentral-Florida von der Nationalstraße Nr. 441 bei Kenansville auf die Straße Nr. 523 abbiegt und ihr – mit Umwegen über Seitenstraßen – folgt, hat gute Aussichten, Floridakraniche (eine Unterart der Kanadakraniche) und wieder angesiedelte Schreikraniche zu sehen.

Ausgewählte Literatur

Berg, B.: *Mit den Zugvögeln nach Afrika*, Berlin 1924.

Blahy, B.: *Das Lächeln des Kranichs. Ein Tagebuch*, Berlin 2004.

Britton, D. und T. Hayashida: *The Japanese Crane. Bird of Happiness*, Tokio, New York & San Francisco 1981.

Deutsche Lufthansa AG (Hrsg.): *Wenn der Kranich zieht. Eine kleine Kulturgeschichte*, Köln und Frankfurt a. M. 1987.

Doughty, R. W.: *Return of the Whooping Crane*, Austin 1989.

Forsberg, M.: *On Ancient Wings. The Sandhill Cranes of North America*, Lincoln 2004.

Grooms, St.: *The Cry of the Sandhill Crane*, Minocqua 1992.

Hachfeld, B.: *Der Kranich. Ein Lebensbild*, Hannover 1989.

Hase, D.: *Herbstrast der Kraniche*, Linum 2004.

Hayashida, T.: *Cranes of Japan*, Heibonsha (Japan), 2002.

Johnsgard, P. A.: *Cranes of the World*, London & Canberra 1983.

Johnsgard, P. A.: *Crane Music. A Natural History of American Cranes*, Lincoln & London 1998.

Klosowscy, G. und T.: *Zuraw. Ptak Nadziei (Crane. The Bird Of Hope)* Wydawnicza 2000.

Leopold, A., und C. Meine: *Marshland Elegy*, Madison 1999.

Lundin, G. (Hrsg.): *Cranes – where, when and why?*, Falköping 2005.

Matthiessen, P.: *The Birds of Heaven. Travels with Cranes*, New York 2001.

Meine, C. D., und G. W. Archibald (Hrsg.): *The Cranes. Status Survey and Conservation Action Plan*, Gland und Cambridge 1996.

Mewes, W., G. Nowald und H. Prange, *Kraniche. Mythen, Forschung, Fakten*, Karlsruhe 2003.

Munier, V. und Z. Bianu: *Tancho*, Buxières-lès-Villiers 2004.

Nowald, G., und H. Dirks: *Kranichbegegnungen, Kranichwelten*, Düsseldorf 2006.

Prange, H. (Hrsg.): *Crane Research and Protection in Europe*, Halle-Wittenberg 1995.

Prange, H. (Hrsg.): *Der Graue Kranich*, Wittenberg Lutherstadt 1989.

Pratt, J.: *The Whooping Crane. North America's Symbol of Conservation*, Sierra Vista 1996.

Price, A. L.: *Cranes. The Noblest Flyers in Natural History and Cultural Lore*, Albuquerque 2001.

Reich, J.: *Ein Kranichjahr in Mecklenburg-Vorpommern*, Rostock 2004.

Rolfes, W., und H. Elsner: *Unterwegs im Land der Kraniche*, Steinfurt 2006.

Traneving, S. und B.: *Vårens Budbärare Tranan*, Falköping 2002.

Treuenfels, C.-A. v.: *Kraniche. Vögel des Glücks*, Hamburg 1998.

Walkinshaw, L.: *Cranes of the World*, New York 1973.

Weßling, B.: *Kranichgedanken*, Weikersheim 2000.

Wu, C.: *A Thousand Cranes*, Taipeh 2002.

Wu, C.: *The Propitious Crane*, Taipeh 2003.

Dank an Kraniche und Menschen

Die Kraniche sind die Hauptdarsteller in diesem Buch; ohne ihr, wenn auch unbewusstes, Mitwirken bei der fotografischen Arbeit wäre dieses Buch nicht möglich gewesen. Daher bin ich den Vögeln, denen ich im Lauf der vergangenen Jahrzehnte mit der Kamera nachgestellt und aufgelauert habe, besonders dankbar. Sie haben mir neben unzähligen Bildern viele wunderbare Beobachtungen und Erlebnisse beschert. Großen Dank schulde ich aber auch vielen Menschen, die mich bei der Arbeit für dieses Buch unterstützt haben und ohne deren Rat und Hilfe *Zauber der Kraniche* nicht hätte entstehen können. Wenngleich ich mir der Gefahr bewusst bin, einige Namen in der nachfolgenden Aufzählung möglicherweise zu vergessen, möchte ich dennoch eine ganze Reihe von Menschen nennen, die mich auf verschiedene Weise unterstützt haben: sei es mit ganz praktischer Hilfe oder mit ihrem Wissen und ihren Verbindungen, sei es auf meinen Reisen oder durch Korrespondenz und Vermittlung von Informationen.

Dieses Mal beginne ich mit der Lufthansa und Lutz Laemmerhold, der dieses Buchprojekt für die »Kranichlinie« von Anfang bis zur Fertigstellung mit großer Aufgeschlossenheit und steter Hilfsbereitschaft begleitet und gefördert hat. Ohne das dreifache »L« hätte ich die Kraniche, wenn überhaupt, in dieser Form nicht präsentieren können. Auch Herneid und Dr. Rosemarie von dem Knesebeck vom Knesebeck Verlag haben sich von Anfang an für das Kranichthema begeistert und sich mit viel persönlichem Engagement dafür eingesetzt. Dr. Christina Kotte und Veronika Straaß danke ich für das sachkundige und hilfreiche Lektorat; außerdem danke ich allen im Verlag, die am Entstehen des Buches beteiligt waren, für ihre Nachsicht mit dem in Terminnot geratenen Autor. In diesen Dank schließe ich Manuela Stadter ein, die die Karte erstellt hat. Eine besondere Freude war für mich die konstruktive Zusammenarbeit mit Saskia Kruse, die mit viel Kreativität für die gelungene Gestaltung des Buches gesorgt und damit den Kranichen einen ihrer Schönheit angemessenen Auftritt verschafft hat.

Mit meinem Dank an die Kranichexperten und -schützer beginne ich vor meiner Haustür: Seit unserer Jugendzeit verbindet Thomas Neumann und mich unsere gemeinsame Begeisterung für Kraniche; mit seiner großen praktischen Erfahrung im Natur- und besonders auch im Kranichschutz habe ich viel von ihm gelernt. Walter Schmitz sorgt seit Jahrzehnten für die Sicherheit einiger Kranichbrutpaare in seinem Wald, zu dem er mir den Zugang mit der Kamera gestattete. Dr. Wolfgang Mewes, Dr. Günter Nowald und Prof. Hartwig Prange aus der Leitungsgruppe von »Kranichschutz Deutschland« sowie Ekkehard Hinke seien hier stellvertretend für die vielen anderen Mitstreiter und Unterstützer dieser Arbeitsgemeinschaft genannt, von denen ich immer wieder wertvolle Informationen erhalte. Bei Dr. Eberhard Henne und Beate Blahy und bei Klaus und Gisela Uhl sowie »ihren« Kranichen war ich wiederholt gerne zu Gast. Jens-Uwe Heins verdanke ich manchen Ratschlag aus seiner Filmarbeit mit den Kranichen; Anja Kluge, Thomas Fichtner und Ehrhardt Hohl haben mich ebenfalls bei meinen Recherchen stets bereitwillig unterstützt. Professor Alain Salvi in Frankreich und die Brüder und Professoren Javier und Juan Carlos Alonso in Spanien waren mir mehrfach eine große Hilfe. – In der International Crane Foundation ICF geht mein besonderer Dank nicht nur an Dr. George Archibald, Jim Harris und Dr. Richard Beilfuss, sondern ebenso an Betsy Didrickson, die Leiterin der Bibliothek, die mir neben vielem anderen Material eine Briefmarkenauswahl zusammengestellt hat. Dr. Felipe Chavez-Ramirez vom Platte River Trust verdanke ich viele Stunden in Beobachtungshütten nahe den Kanadakranichen. Marty Folk, Tom Stehn und zuvor David Blankenship haben mich den Schreikranichen in Florida und Aransas nahegebracht. Darrell und Bettye Leidigh waren großzügige Gastgeber und brachten meine ebenfalls kranichbegeisterte Frau und mich mit einigen Florida-Kranichen in engen Kontakt. In Kanada konnte ich Ernie Kuyt und Rod Drewien zu den Schreikranichen begleiten. – Auch in Russland hatte ich Unterstützung von vielen Begleitern und Helfern. Mein Dank gilt besonders Natascha Tsarkova-Kapphahn, Dr. Konstantin Mikhailov, Boris und Yuri Shibnev, Dr. Yuri Darman, Viktor Nikiforov , Dr. Nikolei Germogenov, Dr. Vasiliy Alekseev, Nikolei Egorov und Sergei Sleptov. Ohne sie und andere wären meine Expeditionen an den Amur, Ussuri und Bikin sowie nach Jakutien erfolglos geblieben. – Aus China sind mir Hong Shou Li und Dr. Li Fengshan nachdrücklich in Erinnerung geblieben; in Japan haben mich neben weiteren Kranichfreunden besonders Kunikazu und Yulia Momose, Kiyoaki Ozaki, Satoshi Nishida und Sueharu Matano bei der Arbeit mit den Kranichen unterstützt. – In Indien waren mir Shahid Ali, Ravi Singh und Gopi Sundar eine wertvolle Stütze; in Nepal hat mich Rajendra Suwal zu den Saruskranichen in Lumbini begleitet, und in Israel haben mir zu meiner Freude Dr. Yossi Leshem, Dan Alon und Yifat Davidson die Wege zu den Kranichen geebnet. – In Afrika schließlich haben mich Dr. Markus Borner in der Serengeti und Yilma Dellelegn Abebe in Äthiopien sehr unterstützt, Warwick und Michèle Tarboton, Vicki Hudson, Katherine Leitch, Glenn Ramke, Kevin McCann, Brent Coverdale, Mick Dalton, Wicus Leeuwner und Nic Shaw haben sich in Südafrika die Zeit genommen, mich zu den Aufenthaltsorten der Kranicharten zu führen. Gute Reisebegleiter auf mehreren Kranichreisen waren meine Freunde Christian Ratjen und Wolfgang Weber. Zum Schluß will ich Monika Holl herzlich danken, die mich mehr als 15 Jahre im WWF-Sekretariat und damit auch bei mancher Kranichkorrespondenz sowie am PC herausragend unterstützt hat. Doch zu allerletzt kommt noch jemand Besonderes: Gogi, meine Frau, hat nicht nur viele Kranichreisen mitgemacht, sondern auch den Entstehungsprozeß dieses und manch anderen Buches miterlebt und miterlitten. Auch dafür danke ich ihr von Herzen.

Carl-Albrecht von Treuenfels

Bildnachweis

Das Vor- und Nachsatzpapier zeigt einen Keil Grauer Kraniche
(bei Linum/Brandenburg, Deutschland).

BILDLEGENDEN ZU DEN SEITEN 2–16

Seiten 2–3: Graue Kraniche beim abendlichen Anflug der Schlafgewässer
über der Ostseeküste (Nationalpark Vorpommersche Boddenlandschaft/
Mecklenburg-Vorpommern, Deutschland).

Seiten 4–5: Ein Paar Große Kanadakraniche und ein Pfeifschwan
(Necedah NWR/Wisconsin, USA).

Seiten 6–7: Mandschurenkraniche in einem Flussbett vor dem morgendlichen
Aufbruch (bei Akan/Hokkaido, Japan).

Seiten 8–9: Zwei Mandschurenkraniche bei einer Auseinandersetzung
(Akan/Hokkaido, Japan).

Seiten 10–11: Das Porträt eines Schwarzen Kronenkranichs (International
Crane Foundation in Baraboo/Wisconsin, USA).

Seite 15: Graue Kraniche auf dem Zug (Kreis Herzogtum Lauenburg/
Schleswig-Holstein, Deutschland).

Seite 16: Ausschnitt aus einem Strauß gefalteter Papierkraniche
(Friedenspark in Hiroshima, Japan).

Alle Fotografien in diesem Buch stammen von Carl-Albrecht von Treuenfels
mit Ausnahme der folgenden:

S. 165: Henan Provinz Museum, Zhengzhou
S. 174: Tokio National Museum
S. 175: Kyoto National Museum
S. 181: National Museum New Delhi
S. 182–183: Staatliches Museum Schwerin
S. 183: Fotografie des Autors mit freundlicher Genehmigung der »Stiftung
        Preußische Schlösser und Gärten Berlin-Brandenburg«
S. 191: Deutsche Lufthansa AG
S. 193: Deutsche Lufthansa AG
S. 195: Deutsche Lufthansa AG

Die Verbreitungskarte fertigte Manuela Stadter nach den Vorlagen aus dem
Buch *Kraniche – Vögel des Glücks* mit aktuellen Anpassungen nach Angaben
des Autors.

Alle Aufnahmen am Nest, in den Brutgebieten sowie in Reservaten ent-
standen mit ausdrücklicher Genehmigung und Unterstützung der zuständigen
Behörden und Grundeigentümer, wofür auch an dieser Stelle noch einmal
Dank gesagt sei. Es versteht sich von selbst, dass dabei größtmögliche
Vorsicht und Rücksichtnahme auf die Vögel oberste Gebote waren. Um die
Brutbiotope zu zeigen und damit deutlich zu machen, was es zu schützen
und zu erhalten gilt, werden in diesem Buch auch verschiedene Fotos von
Kranichen am Nest gezeigt.

Die in diesem Buch wiedergegebenen wissenschaftlichen Namen der
Kraniche, die es für einige Arten in unterschiedlichen Versionen gibt, beruhen
auf der IUCN-Veröffentlichung *The Cranes* (siehe »Ausgewählte Literatur«).

Dieser Band entstand in Zusammenarbeit mit der

2., aktualisierte und veränderte Auflage 2006

Copyright © 2005 von dem Knesebeck GmbH & Co. Verlags KG, München
Ein Unternehmen der La Martinière Groupe

Dieses Buch ist auch in einer englischen und einer französischen
Ausgabe erschienen.

Bibliografische Information Der Deutschen Bibliothek
Die Deutsche Bibliothek verzeichnet diese Publikation in der Deutschen
Nationalbibliografie; detaillierte bibliografische Daten sind im Internet über
http://dnb.ddb.de abrufbar.

Gestaltung: Saskia Helena Kruse
Umschlaggestaltung: Fabian Arnet
Satz: satz & repro Grieb, München
Lithografie: EBS, Verona
Druck: Passavia, Passau
Printed in Germany

ISBN-10: 3-89660-266-7
ISBN-13: 978-3-89660-266-4

Alle Rechte vorbehalten.

www.knesebeck-verlag.de